Stichprobenpläne für quantitative Merkmale (Variablenstichprobenpläne)

Nach ISO 3951

Ausgearbeitet von der
Arbeitsgruppe „Stichprobensysteme“
der Schweizerischen Arbeitsgemeinschaft
für Qualitätsförderung (SAQ)
in Mitarbeit der
Arbeitsgruppe 6 „Stichprobenverfahren“
der Deutschen Gesellschaft für Qualität e. V.

Diese Schrift stimmt inhaltlich überein mit der Schrift SAQ 217.

Deutsche Gesellschaft für Qualität e. V. (DGQ)
Kurhessenstraße 95, 6000 Frankfurt am Main

1982

DGQ-Schrift Nr. 16-43
Stichprobenpläne für quantitative Merkmale
(Variablenstichprobenpläne)
Nach ISO 3951

1. Auflage 1980, 1. Korr.-Nachdruck 1982

Hrsg.: Deutsche Gesellschaft für Qualität e. V. Ffm.
Berlin: Beuth Verlag GmbH
1980, 89 S., DIN A 5, brosch.,
ISBN 3-410-32774-6

Haftungsausschluß

DGQ-Schriften sind Empfehlungen, die jedermann frei zur Anwendung stehen. Wer sie anwendet, hat für die richtige Anwendung im konkreten Fall Sorge zu tragen.

Die DGQ-Schriften berücksichtigen den zum Zeitpunkt der jeweiligen Ausgabe herrschenden Stand der Technik. Durch das Anwenden der DGQ-Empfehlungen entzieht sich niemand der Verantwortung für sein eigenes Handeln. Jeder handelt insoweit auf eigene Gefahr. Eine Haftung der DGQ und derjenigen, die an DGQ-Empfehlungen beteiligt sind, ist ausgeschlossen.

Jeder wird gebeten, wenn er bei der Anwendung der DGQ-Empfehlungen auf Unrichtigkeiten oder die Möglichkeit einer unrichtigen Auslegung stößt, dies der DGQ umgehend mitzuteilen, damit etwaige Mängel beseitigt werden können.

(Auf die Gestaltung und den Inhalt des nachstehenden Blockes hat die DGQ keinen Einfluß.)

CIP-Kurztitelaufnahme der Deutschen Bibliothek

Stichprobenpläne für quantitative Merkmale :

(Variablenstichprobenpl.) ; nach ISO 3951 /
Schweizer. Arbeitsgemeinschaft für Qualitätsförderung ;
Dt. Ges. für Qualität e. V. – 1. Aufl. – Berlin : Beuth, 1980.

(DGQ ; 16–43)
ISBN 3-410-32774-6
NE: Schweizerische Arbeitsgemeinschaft für
Qualitätsförderung; Deutsche Gesellschaft für Qualität

Inhaltsverzeichnis

Vorwort

Die Tatsache, daß für die Variablenprüfung zur Prüfung auf den Anteil fehlerhafter Einheiten unter geeigneten Voraussetzungen eine beachtliche Reduktion des Stichprobenumfanges im Vergleich zur Attributprüfung erzielt wird, läßt eine zur Gemeinschaftsschrift „Stichprobentabellen zur Attributprüfung" (DGQ 16–01 bzw. SAQ-ÖPWZ 1) äquivalente Sammlung von Stichprobenplänen als wünschenswert erscheinen.

Mit der Anlehnung des ISO/DIS 3951 an den MIL-STD-105 D erfolgte die fällige Korrektur des MIL-STD-414. Die vorliegende Schrift basiert auf dem ISO/DIS 3951.

Die Schweizerische Arbeitsgemeinschaft für Qualitätsförderung (SAQ) bearbeitet diese Schrift in der Arbeitsgruppe „Stichprobensysteme". Die bewährte Zusammenarbeit zwischen der SAQ und der Deutschen Gesellschaft für Qualität (DGQ) manifestierte sich in der Mitarbeit von Mitgliedern der DGQ-Arbeitsgruppe 6 bei der Redaktion verschiedener Entwürfe. Allen Beteiligten gilt unser Dank.

Möge diese Schrift eine ebenso günstige Aufnahme finden, wie die in mehreren Auflagen erschienene Gemeinschaftsschrift „Stichprobentabellen zur Attributprüfung" (DGQ 16–01 bzw. SAQ-ÖPWZ 1).

Bern, im Oktober 1979

Dr. H. Wild

Präsident der Schweizerischen
Arbeitsgemeinschaft für Qualitätsförderung

Prof. Dr. W. Masing

Vorsitzender der Deutschen
Gesellschaft für Qualität

Anmerkung zum 1. Nachdruck 1982

Die vorliegende Schrift stimmt inhaltlich überein mit der Schrift SAQ 217 der Schweizerischen Arbeitsgemeinschaft für Qualitätsförderung (SAQ).

Eine Abweichung besteht lediglich im Anhang C2.

Die mehrfach zitierte Schrift DGQ-SAQ-ÖPWZ 1 führt inzwischen die Bezeichnung DGQ-SAQ-ÖVQ 16-01, die Schrift DGQ-SAQ 26 führt inzwischen die Bezeichnung DGQ-SAQ-ÖVQ 16-26. Der ebenfalls mehrfach zitierte Entwurf ISO/DIS 3951 (1976) ist inzwischen zur Norm ISO 3951 (1981) erhoben worden.

1. Einführung

1.1 Allgemeine Voraussetzungen

Die vorliegende Schrift setzt die Kenntnis der zwei Schriften «Stichprobentabellen zur Attributprüfung» (DGQ-SAQ-ÖPWZ 1) und «Methoden zur Ermittlung geeigneter *AQL*-Werte» (DGQ-SAQ 26) voraus. Eine weitere Voraussetzung ist die Kenntnis der Grundlagen der technischen Statistik.

Neben erläuterndem Text enthält die Schrift Stichprobenpläne für die sogenannte Variablenprüfung. Diese dient zur Beurteilung einzelner messbarer Qualitätsmerkmale der Erzeugnisse homogener Fertigungslose von beherrschten Produktionsprozessen. Muss mit Homogenitätsunterschieden (z. B. zwischen Losen von verschiedenen Lieferanten, zwischen verschiedenen Maschinen eines Betriebs) gerechnet werden, so müssen die Stichprobenanweisungen auf jedes einzelne Qualitätsmerkmal der verschiedenen Fertigungslose separat angewendet werden.

Die einzelnen Stichprobenanweisungen einer bestimmten Annehmbaren Qualitätsgrenzlage (eines *AQL*-Wertes) sind in erster Linie für die Anwendung bei kontinuierlich hergestellten Serien von Losen gedacht. Nur in diesem Fall bietet die Angabe eines *AQL*-Wertes eine ausreichende Sicherheit, dass die Qualität innerhalb des geforderten oder angestrebten Bereichs gehalten werden kann.

Die Stichprobenanweisungen können auch auf isolierte Lose oder eine beschränkte Anzahl von Losen angewendet werden. In diesen Fällen sind die Risiken der gewählten Operationscharakteristiken zu beachten, da die Angabe eines *AQL*-Wertes allein zur Beurteilung der Wirksamkeit der Anweisung nicht ausreichend ist. Ebenso sind die Voraussetzungen für einen Wechsel auf eine reduzierte oder verschärfte Prüfung nicht gegeben.

1.2 Verwandte Stichprobentabellen

1.2.1 Stichprobentabellen zur Attributprüfung

Die Stichprobentabellen zur Attributprüfung der DGQ-SAQ-ÖPWZ 1 (1978, 6. Auflage) bilden die Grundlage für die vorliegende Schrift. Die Bezeichnungen und Definitionen werden mit nur unwesentlichen Änderungen übernommen. Allgemeine Erläuterungen zur Stichprobenprüfung werden hier nicht in dieser Ausführlichkeit beschrieben. Es wird angenommen, dass Anwender der vorliegenden Schrift die Stichprobentabellen zur Attributprüfung besitzen und nötigenfalls auf die dort vorhandenen ausführlichen Erläuterungen zurückgreifen können.

1.2.2 Stichprobentabellen zur Variablenprüfung

Die vorliegenden Stichprobentabellen zur Variablenprüfung sind dem DEF-STAN 05-30/1 (1974) und dem ISO/DIS 3951 (1976) angepasst, die ihrerseits eine Revision des MIL-STD-414 (1957) darstellen und damit eine Angleichung an den MIL-STD-105D (1963) gebracht haben. Nach den Ausführungen von Duncan (1975) ist nicht damit zu rechnen, dass der MIL-STD-414 in einer neuen, veränderten Auflage erscheint. Die vorliegende Schrift ist eine vereinfachte Version des MIL-STD-414.

Folgende Vereinfachungen sind eingeführt worden:

- Es ist nur die Form 1 für die einseitige Beurteilung erläutert. Falls der Anwender auf die Form 2 für die zweiseitige Beurteilung angewiesen ist, verweisen wir auf die entsprechenden Angaben der ISO/DIS 3951 (1976) oder MIL-STD-414 (1957). Dabei ist beim MIL-STD-414 die unterschiedliche Losumfangteilung zu berücksichtigen.
- Die Stichprobentabellen der Range-Methode sind nicht aufgenommen. Es besteht jedoch die Möglichkeit, mittels Umrechnungsfaktoren die Range-Methode auf die *s*-Methode überzuführen. Die Tabellen mit den Umrechnungsfaktoren und eine kurze Beschreibung des Zusammenhangs zwischen der Standardabweichung einer Stichprobe und der mittleren Spannweite (Range) von Unterstichproben sind im Anhang C enthalten.
- Auf die Angabe von Stichprobenumfang-Kennbuchstaben wurde wie bei den Stichprobentabellen zur Attributprüfung DGQ-SAQ-ÖPWZ 1 (1978) verzichtet.
- Die Stichprobenpläne sind auf die *AQL*-Werte 0,1 bis 10% begrenzt.
- Die Operationscharakteristiken sind im doppelten Wahrscheinlichkeitsnetz gezeichnet, da hier die Annahmekennlinien, wenigstens für $n > 9$, zu Geraden gestreckt werden, sofern die Verteilung des zu prüfenden Qualitätsmerkmals hinreichend genau einer Normalverteilung entspricht.

1.2.3 Zeitliche Entwicklung verwandter Stichprobentabellen

Damit der Leser einen Überblick über die verwandten Stichprobentabellen erhält, sind im folgenden Schema die gebräuchlichsten Stichprobentabellen mit Erscheinungsjahr und wichtigsten Verbindungen aufgezeigt.

Jahr	*Attributprüfung*	*Variablenprüfung*
1949	JAN-STD 105 (Army-Navy Standard)	
1950	MIL-STD-105 A	
1952		NAVORD OSTD 80
1954		ORD-M 608-10
1957		MIL-STD-414
1958	MIL-STD-105 B	
1960		ASQ/AWF 5
1961	MIL-STD-105 C	
1963	MIL-STD-105 D (ABC-STD-105)	
1966	DEF-131 A	
1972	DGQ-SAQ-ÖPWZ 1	
1973	IEC Publ. 410	
1973	DIN 40080	
1974	ISO 2859	
1974		DEF-STAN 05–30/1
1975		IEC Publ. 514
1976		ISO/DIS 3951 (Entwurf)
1980		SAQ 217, DGQ 16-43

2. Grundlagen der Variablenprüfung

Mit x bezeichnen wir die möglichen Werte, die das Qualitätsmerkmal annehmen kann.

Die Stichprobenanweisungen setzen voraus, dass das betrachtete Qualitätsmerkmal annähernd normalverteilt ist.

Durch die Endlichkeit des Losumfanges und möglicher Störfaktoren ist diese Voraussetzung stets nur annähernd erfüllt. Das Verteilungsgesetz der Normalverteilung (Abbildung 1) ist durch die Parameter μ (= Mittelwert) und σ (= Standardabweichung) vollständig bestimmt.

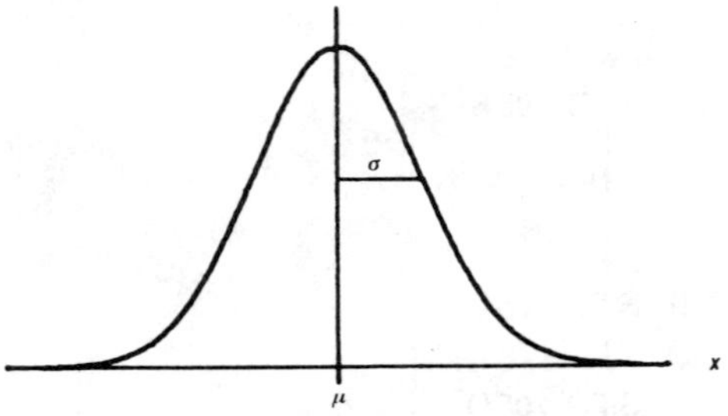

Abbildung 1 Beschreibung der Normalverteilung durch Mittelwert μ und Standardabweichung σ

Eine Einheit wird als *fehlerhaft* bezüglich des betrachteten Qualitätsmerkmals bezeichnet, falls

a) der Merkmalswert x kleiner ist als der untere Grenzwert ($x < G_{un}$);

b) der Merkmalswert x grösser ist als der obere Grenzwert ($x > G_{ob}$).

Wenn anhand der Stichprobenwerte zu erwarten ist, dass Einheiten des Loses sowohl den unteren Grenzwert unterschreiten als auch den oberen Grenzwert überschreiten, ist die Form 2 der Variablenprüfung anzuwenden.

In der Variablenprüfung ist das Mass der Qualität des zu betrachtenden Qualitätsmerkmals gleich dem Anteil fehlerhafter Einheiten im Los. Die Fehleranteile werden wie folgt bezeichnet:

a) p'_{un} ist der Anteil fehlerhafter Einheiten mit Merkmalswert unterhalb dem unteren Grenzwert G_{un} im Los;

b) p'_{ob} ist der Anteil fehlerhafter Einheiten mit Merkmalswert oberhalb dem oberen Grenzwert G_{ob} im Los;

c) p' ist der Anteil fehlerhafter Einheiten insgesamt im Los, $p' = p'_{un} + p'_{ob}$.

Das Anwendungsziel dieser Stichprobenpläne besteht darin, eine Aussage darüber zu erhalten, ob der mittlere Anteil fehlerhafter Einheiten des Produktionsprozesses eine vorgegebene *Annehmbare Qualitätsgrenzlage* (*AQL*) nicht wesentlich übersteigt. Zur Festlegung der *AQL*-Werte wird auf die Schrift DGQ-SAQ 26 «Methoden zur Ermittlung geeigneter *AQL*-Werte» verwiesen. Es ist eine verschärfte Prüfung vorgesehen, wenn die Prüfergebnisse vermuten lassen, dass der Anteil fehlerhafter Einheiten den *AQL*-Wert übersteigt. Anderseits kann zu einer reduzierten Prüfung übergegangen werden, wenn der Anteil fehlerhafter Einheiten stabil ist und unter dem *AQL*-Wert liegt (vgl. mit Abschnitt 5.3). Für isolierte Lose bedeutet der *AQL*-Wert nur, dass die Annahmewahrscheinlichkeit für diesen Anteil fehlerhafter Einheiten im Los gross ist.

Den jeweiligen Verhältnissen entsprechend können die folgenden Methoden der Variablenprüfung angewendet werden:

σ-Methode: Ist die Standardabweichung σ des Qualitätsmerkmals bekannt und selber von Los zu Los stabil, so kann für das Annahmekriterium auf den Stichprobenmittelwert $\bar{x}$ und die bekannte Standardabweichung abgestützt werden.

s-Methode: Das Annahmekriterium benützt den Mittelwert $\bar{x}$ und die Standardabweichung s der Stichprobe.

R-s-Methode: Steht der Mittelwert $\bar{x}$ und anstelle der Standardabweichung die mittlere Spannweite $\bar{R}$ (englisch: Range) von Unterstichproben zur Verfügung, so wird vorerst aus $\bar{R}$ mittels Umrechnungsfaktoren (Tabelle 12, Anhang C) die Standardabweichung s berechnet und anschliessend die s-Methode angewendet (R-Methode auf s-Methode überführt).

3. Vergleich von Attribut- und Variablenprüfung

3.1 Vor- und Nachteile der Variablenprüfung

Im Vergleich zur Attributprüfung besitzt die Variablenprüfung folgende Vor- und Nachteile.

Vorteile:

- Die Aufzeichnung aller Einzelwerte ermöglicht
  - ein Urteil über das Verteilungsgesetz bezüglich Normalität und Lage der Einzelwerte im Toleranzbereich;
  - die Beurteilung des Verlaufs von Produktionsprozessen (Stabilität, Störungen, Trends);
  - die Abschätzung des Ablaufs bzw. Verlaufs von Folgeoperationen oder des Zusammenbaus von Bauteilen zu Baugruppen.

- Der Stichprobenumfang ist verglichen zur Attributprüfung erheblich kleiner; diese Eigenschaft wirkt sich vor allem bei grossen Losen und hohem Prüfaufwand pro Einheit sowie bei zerstörenden Prüfungen vorteilhaft aus.

Nachteile:

- Für jedes Qualitätsmerkmal muss eine Stichprobenanweisung angesetzt werden, während bei der Attributprüfung eine einzige Anweisung für mehrere gleichgewichtete Merkmale ausreichen kann.
- Die Schätzung des Anteils fehlerhafter Einheiten ist empfindlich auf Abweichungen von der Normalität, insbesondere in den Bereichen der Grenzwerte.
- Der administrative Aufwand ist grösser.

3.2 Vergleich der Stichprobenumfänge für die Attribut- und Variablenprüfung

Die Gegenüberstellung der Stichprobenumfänge für die Attribut- und Variablenprüfung zeigt die Wirksamkeit der Variablenprüfung auf. Eine Vergleichstabelle der Stichprobenumfänge von Attribut- und Variablenprüfung (*s*-Methode) ist im Kapitel 7 enthalten.

In der Abbildung 2 ist ein weiterer Vergleich anhand des Verhältnisses der Stichprobenumfänge für Attribut- und Variablenprüfung grafisch dargestellt.

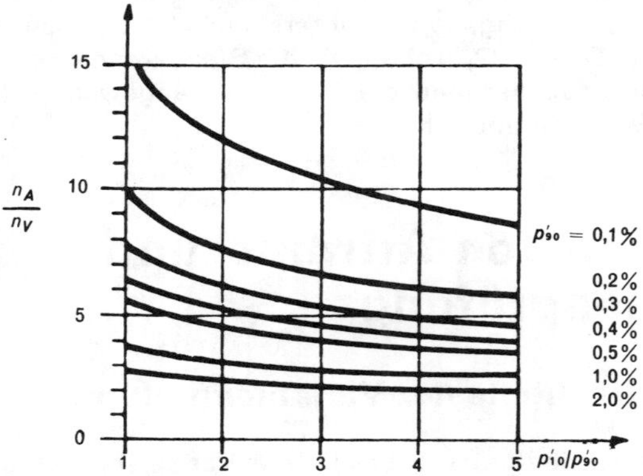

Abbildung 2: Verhältnis der Stichprobenumfänge von Attribut- und Variablenprüfung (Lehren- und Massprüfung) in Funktion von p'_{10}/p'_{90} für verschiedene p'_{90}

Quelle: Bild 56 des Instruktorenlehrgangs der DGQ

Es sind dabei:

p'_{90}: p'-Wert mit Annahmewahrscheinlichkeit 90%
p'_{10}: p'-Wert mit Annahmewahrscheinlichkeit 10%
n_A: Stichprobenumfang bei Attributprüfung
n_V: Stichprobenumfang bei Variablenprüfung

Ist zusätzlich σ bekannt, so reduzieren sich die Stichprobenumfänge, wie Tabelle 8 (Kapitel 7, Seite 33) zeigt, nochmals bemerkbar. Von der σ-Methode ist aber nur Gebrauch zu machen, wenn der Prozess beherrscht verläuft.

Die Variablenprüfung ist insbesondere dann wirtschaftlicher als die Attributprüfung, wenn

1. der *AQL*-Wert sehr klein ist;
2. man zerstörende Prüfung durchführt.

3.3 Beispiel

Zum besseren Verständnis der bisherigen Ausführungen und der Begriffsinhalte eingeführter Bezeichnungen diene das folgende Beispiel.

Der Losumfang sei N = 100. Der untere Grenzwert eines Qualitätsmerkmals sei $G_{un} = 15$. Bei Vorgabe eines *AQL*-Wertes von 10% finden wir für die Attributprüfung die Einfach-Stichprobenanweisung 20-5 (nach Tabelle 1 der Stichprobentabellen zur Attributprüfung, DGQ-SAQ-ÖPWZ 1), also den Stichprobenumfang $n = 20$ und die Annahmezahl $c = 5$.

Die 20 Messwerte seien:

$x_1 = 23{,}7$	$x_2 = 22{,}7$	$x_3 = 22{,}2$	$x_4 = 18{,}5$	$x_5 = 23{,}1$	$x_6 = 21{,}4$
$x_7 = 20{,}6$	$x_8 = 15{,}2$	$x_9 = 21{,}0$	$x_{10} = 14{,}7$	$x_{11} = 11{,}5$	$x_{12} = 22{,}6$
$x_{13} = 22{,}6$	$x_{14} = 19{,}0$	$x_{15} = 16{,}9$	$x_{16} = 27{,}3$	$x_{17} = 22{,}7$	$x_{18} = 15{,}4$
$x_{19} = 15{,}9$	$x_{20} = 21{,}4$				

Diese Stichprobe enthält 2 fehlerhafte Einheiten, nämlich 14,7 und 11,5, die kleiner als 15 sind. Da diese Anzahl kleiner als 5 ist, nehmen wir dieses Los an.

Setzen wir voraus, dass das Qualitätsmerkmal normalverteilt ist, so ist für die *s*-Methode der Variablenprüfung der Stichprobenumfang $n = 10$ und der Annahmefaktor $k = 0{,}828$ (vgl. mit Stichprobentabelle 4, S. 28).

Für die ersten zehn Stichprobeneinheiten ist der Mittelwert $\bar{x} = 20{,}31$ und die Standardabweichung $s = 3{,}18$. Da

$$Q_s = \frac{\bar{x} - G_{un}}{s} = \frac{20{,}31 - 15{,}0}{3{,}18} = 1{,}67$$

grösser als der Annahmefaktor $k = 0{,}828$ ist, nimmt man das Los an. Die Variablenprüfung führt hier zum selben Ergebnis wie die Attributprüfung (dies muss nicht immer zutreffen). Der Stichprobenumfang für die Variablenprüfung ist in diesem Beispiel nur halb so gross wie für die Attributprüfung.

4. Erläuterungen zum Stichprobenverfahren

Zur Erläuterung der Begriffe wird auch auf die Schrift DGQ-SAQ-ÖPWZ 1 (1978) verwiesen. Die Bedeutung der Abkürzungen und der Kurzzeichen ist im Anhang D ersichtlich.

4.1 Mass der Qualität des betrachteten Merkmals

Die zur Prüfung vorgelegten Produkte seien in Prüflose des Umfangs N aufgeteilt. Aus jedem Los werden n Einheiten als Stichprobe zufällig entnommen. Die Prüfung der Stichprobe soll zur Annahme oder Rückweisung des Loses führen. Annahme oder Rückweisung erfolgt anhand der statistischen Masszahlen empirischer Mittelwert und empirische oder bekannte Standardabweichung;

Messwerte $x_i; \quad i = 1, 2, \ldots, n.$

Empirischer Mittelwert der Stichprobe

$$\bar{x} = \frac{1}{n} \sum_{i=1}^{n} x_i .$$

Empirische Standardabweichung der Stichprobe

$$s = \sqrt{\frac{1}{n-1} \sum_{i=1}^{n} (x_i - \bar{x})^2} .$$

$$= \sqrt{\frac{1}{n-1} \left[\sum_{i=1}^{n} x_i^2 - \frac{1}{n} \left\{ \sum_{i=1}^{n} x_i \right\}^2 \right]} ,$$

oder
bekannte Standardabweichung des Prozesses σ.

In der Variablenprüfung ist das Mass der Qualität des betrachteten Qualitätsmerkmals gleich dem Anteil fehlerhafter Einheiten p' im Los. Im vorliegenden Fall der einseitigen Grenzwerte G_{un} und G_{ob} ist p' entweder gleich p'_{un} oder p'_{ob}. Da der Anteil fehlerhafter Einheiten im Los in den häufigsten Fällen unbekannt ist, entnimmt man dem Los eine Stichprobe und schätzt den unbekannten Anteil p'_{un} bzw. p'_{ob} anhand der Stichprobenkenngrössen Mittelwert $\bar{x}$, empirische Standardabweichung s oder bekannte Standardabweichung σ und, unter Voraussetzung der Normalität des Prüfloses, mittels der Tabelle der Normalverteilung. Anstelle der Schätzung von p'_{un} bzw. p'_{ob} kann jedoch eine einfachere Grösse Q verwendet werden, die eine Benützung der Tabelle der Normalverteilung erübrigt. Denn unter der Voraussetzung der Normalität existieren zwischen dem geschätzten Anteil p_{un} bzw. p_{ob} und der statistischen Grösse Q die folgenden Beziehungen (vgl. mit Anhang A, Seite 77 ff.):

$$p_{un} = \Phi(-Q) \quad \text{bzw.} \quad p_{ob} = \Phi(-Q)$$

mit

$$Q_\sigma = \frac{\bar{x} - G_{un}}{\sigma} \quad \text{bzw.} \quad Q_\sigma = \frac{G_{ob} - \bar{x}}{\sigma}$$

oder

$$Q_s = \frac{\bar{x} - G_{un}}{s} \quad \text{bzw.} \quad Q_s = \frac{G_{ob} - \bar{x}}{s}.$$

Jedem Wert p_{un} bzw. p_{ob} entspricht eindeutig ein Wert Q und umgekehrt. Q wird Qualitätszahl genannt und stellt den standardisierten Abstand zwischen dem Stichprobenmittelwert und dem betrachteten Grenzwert dar. Da Q einfacher als p_{un} bzw. p_{ob} zu berechnen ist, wird anstelle des Anteils fehlerhafter Einheiten als gleichwertiges Mass der Qualität des betrachteten Qualitätsmerkmals die Qualitätszahl Q eingeführt. Die vollständige Stichprobenanweisung besteht aus dem Stichprobenumfang n und dem Annahmefaktor K für die σ-Methode oder k für die s-Methode. Für die Feststellung über Annahme oder Rückweisung des Loses ist

$$Q_\sigma = \frac{\bar{x} - G_{un}}{\sigma} \quad \text{bzw.} \quad Q_\sigma = \frac{G_{ob} - \bar{x}}{\sigma} \quad \text{mit } K$$

oder

$$Q_s = \frac{\bar{x} - G_{un}}{s} \quad \text{bzw.} \quad Q_s = \frac{G_{ob} - \bar{x}}{s} \quad \text{mit } k$$

zu vergleichen. Das Prüfergebnis lautet:

a) Ist $Q_\sigma \geq K$ oder $Q_s \geq k$: Los annehmen;
b) Ist $Q_\sigma < K$ oder $Q_s < k$: Los rückweisen.

4.2 Ordnungsprinzip

Die Stichprobenpläne und -tabellen dieser Schrift sind nach dem übergeordneten Gesichtspunkt Annehmbare Qualitätsgrenzlage (*AQL*) zusammengestellt.

Die Stichprobenanweisung wird in Abhängigkeit des Losumfanges N und der geforderten Annehmbaren Qualitätsgrenzlage (des *AQL*-Wertes) in der Stichprobentabelle gefunden. Die Handhabung einer Stichprobenanweisung wird im Kapitel 6 «Durchführung einer Prüfung» erläutert.

Die Prüfung des gleichen Merkmals mehrerer sich folgender Lose kann zu einem Übergang von der normalen Prüfung auf die reduzierte oder verschärfte Prüfung führen (siehe Kapitel 5 «Wahl der Stichprobenanweisung»).

4.3 Operationscharakteristik

Die grosse Bedeutung der Stichprobentheorie liegt in der Tatsache, dass bei zufällig gezogenen Stichproben für eine Stichprobenanweisung im voraus die Annahmewahrscheinlichkeit für jeden möglichen Anteil fehlerhafter Einheiten p'_{un} bzw. p'_{ob} im Los berechnet werden kann. Die Annahmewahrscheinlichkeit, als Funktion des fehlerhaften Anteils betrachtet, nennt man die Operationscharakteristik (*OC*) oder Annahmekennlinie der Stichprobenanweisung.

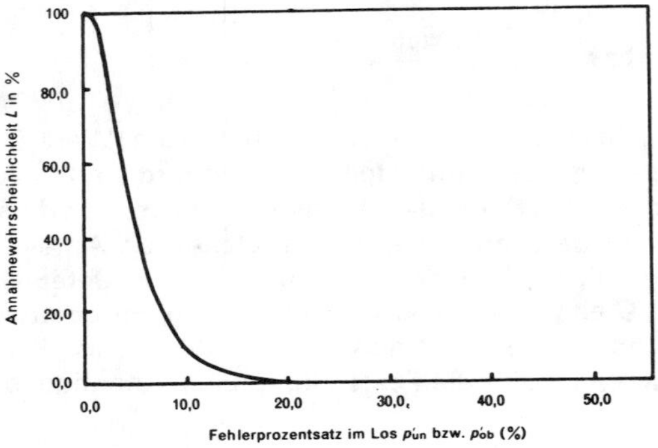

Abbildung 3: Operationscharakteristik in Funktion des Fehleranteils im Los (zugehörig zur Stichprobenanweisung $n = 10$, $K = 1{,}70$)

In dieser Schrift sind die *OC*-Kurven in der Skala des Wahrscheinlichkeitsnetzes (Gauss-Integral) dargestellt. Diese Darstellung im sogenannten doppelten Wahrscheinlichkeitsnetz eignet sich für die Variablenprüfung, da die Kurven darin zu Geraden gestreckt werden. Die *OC* zu den Stichprobenanweisungen dieser Tabellen sind im Kapitel 8 zu finden.

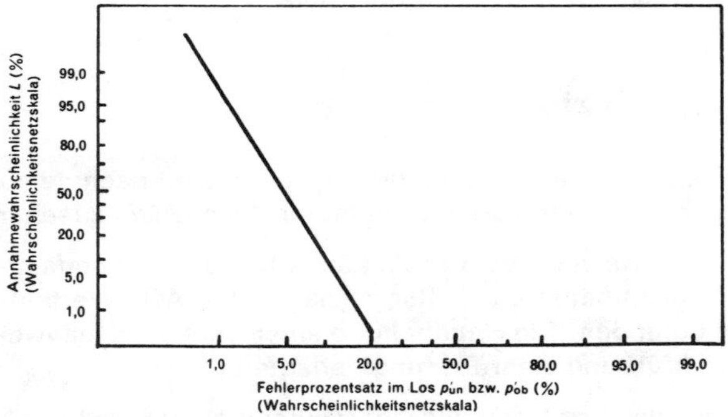

Abbildung 4: Operationscharakteristik im doppelten Wahrscheinlichkeitsnetz (zugehörig zur Stichprobenanweisung $n = 10$, $K = 1{,}70$)

Neben der hier verwendeten Skala sind noch andere Skalen für Abszisse und Ordinate gebräuchlich

Abszissen- und Ordinatenskalen einiger Stichprobentabellen

Stichprobentabelle	Skala Abszisse	Ordinate
MIL-STD 414 ISO 3951 Entwurf	äquidistant	äquidistant
DGQ-SAQ-ÖPWZ 1	Quadratwurzel	$\frac{2}{\pi} \arcsin\sqrt{L}$
Diese Schrift	Wahrscheinlichkeits-netz	Wahrscheinlichkeits-netz

Wie bei den Stichprobenplänen zur Attributprüfung sind die Annehmbaren Qualitätsgrenzlagen so gewählt, dass zu ihnen grosse Annahmewahrscheinlichkeiten gehören. Innerhalb eines Stichprobenplans schwanken die zur Annehmbaren Qualitätsgrenzlage gehörigen Annahmewahrscheinlichkeiten L zwischen etwas unter 0,9 für kleine Lose und über 0,98 für grosse Lose. Dieses gleitende Lieferantenrisiko ist aus wirtschaftlichen Gründen gewählt. Der Leser, der sich für das Ermittlungsvorgehen der Stichprobenanweisungsgrössen n und K oder k interessiert, findet Erläuterungen dazu im Anhang A, in den Werken von Duncan (1974) und ASQ/AWF 5 (1968) und im Artikel von Wilrich (1970).

5. Schritte zur Bestimmung der Stichprobenanweisung

In jedem Fall hat man sich zuerst zu versichern, ob das betrachtete Qualitätsmerkmal als annähernd normalverteilt gelten kann. Erfahrungen über den Fabrikationsprozess sind zu sammeln und eine periodische Überprüfung der Normalitätsvoraussetzung in der Strichliste oder im Wahrscheinlichkeitsnetz ist zu empfehlen. Hinweise zur Benützung des Wahrscheinlichkeitsnetzes und der Beurteilung der Normalität sind im Anhang B aufgeführt.

Zur Bestimmung der Stichprobenanweisung wird folgendes Vorgehen empfohlen:

5.1 Ermittlung der Annehmbaren Qualitätsgrenzlage (AQL)

AQL-Werte kann man nur festlegen, wenn die durch den Verwendungszweck der Erzeugnisse bedingten Forderungen an das zu prüfende Qualitätsmerkmal quantitativ festliegen. Dabei ist es aus wirtschaftlichen Gründen auch notwendig, dass man berücksichtigt, inwieweit eine Fertigung in der Lage ist, solche Forderungen zu erfüllen. Die betreffenden Untersuchungen im Rahmen der Qualitätsplanung sind deshalb eine notwendige Voraussetzung für die Bestimmung eines *AQL*-Wertes.

Die Schrift DGQ-SAQ 26 (1975) enthält Methoden zur Ermittlung geeigneter *AQL*-Werte und in der Schrift DGQ-SAQ-ÖPWZ 1 (1978) findet man Hinweise zur Wahl des *AQL*-Wertes.

5.2 Wahl der σ-Methode, s-Methode oder R-s-Methode

Ist die Standardabweichung des Prozesses bekannt und selber nur zufälligen Schwankungen unterworfen, so kann mit der σ-Methode mit kleinstem Prüfaufwand geprüft werden.

Ist hingegen σ des Prozesses nicht bekannt oder aus Erfahrung von Los zu Los selber stark schwankend, so empfiehlt es sich, die Lose mit der s-Methode oder R-s-Methode zu prüfen.

5.3 Wahl des Planes für normale, verschärfte oder reduzierte Prüfung

Der Bezug von Erzeugnissen beruht unter anderem auf einem Vertrauensverhältnis. Es wird in aller Regel erwartet, dass die Vereinbarungen eingehalten werden. Lieferungen werden – wenn nichts anderes vereinbart ist –*normal geprüft*.

Ein Übergang auf ein anderes Prüfverfahren erfolgt nach folgenden Regeln:

a) *Übergang von normaler zu verschärfter Prüfung*

Werden bei normaler Prüfung *zwei von fünf* aufeinanderfolgenden Losen rückgewiesen, dann müssen weitere Lieferungen verschärft geprüft werden.

b) *Übergang von verschärfter zu normaler Prüfung*

Wenn fünf aufeinanderfolgend verschärft geprüfte Lose angenommen werden, darf wieder normal geprüft werden.

c) *Übergang von normaler zu reduzierter Prüfung*

Werden bei normaler Prüfung *zehn* aufeinanderfolgende Lose angenommen, so kann auf reduzierte Prüfung übergegangen werden. Dabei müssen weiter folgende Voraussetzungen erfüllt sein:

- dieser Übergang muss vereinbart sein;
- die Produktion ist beherrscht;
- diese Lose wären auch mit dem nächstkleineren *AQL*-Wert angenommen worden.

d) *Übergang von reduzierter zu normaler Prüfung*

Ein Übergang von der reduzierten auf die normale Prüfung erfolgt, wenn auch nur eine der drei nachfolgenden Voraussetzungen erfüllt ist:

- ein Los wurde rückgewiesen;
- die Produktion ist nicht mehr beherrscht (wird unregelmässig);
- andere Gründe legen einen Übergang auf normale Prüfung nahe, zum Beispiel neue Produktionsbedingungen.

5.4 Wahl des Prüfloses

Ein *Prüflos* ist eine Gesamtheit von Einheiten, das als Ganzes auf Grund einer Stichprobenanweisung angenommen oder rückgewiesen wird. Es wird angenommen, dass Prüflose bezüglich der betrachteten Qualitätsmerkmale homogen sind, das heisst die Einheiten sollten unter denselben Bedingungen produziert sein.

Ein Prüflos ist nicht unbedingt dasselbe wie ein Produktionslos, ein Versandlos oder ein Bestellos.

Ist das Produkt des Prozesses selbst nicht in Einheiten aufgeteilt (Papier, Stoff), so ist es möglich, als Einheit eine bestimmte Länge, eine Fläche, ein Volumen, ein Gewicht oder die Zeit zu betrachten. Der Losumfang N ist die Anzahl Einheiten des Prüfloses.

5.5 Bestimmung der Stichprobenanweisung

Die Stichprobenpläne für die σ-Methode sind in den Tabellen 1 bis 3 (normale, verschärfte, reduzierte Prüfung) und die entsprechenden für die s-Methode in den Tabellen 4 bis 6 enthalten.

Bei Anwendung der *σ-Methode* entnimmt man der Stichprobentabelle für normale, verschärfte oder reduzierte Prüfung in Abhängigkeit des Losumfanges N und der Annehmbaren Qualitätsgrenzlage (*AQL*) den Stichprobenumfang n und den Annahmefaktor K.

Bei Anwendung der s-Methode entnimmt man der Stichprobentabelle für normale, verschärfte oder reduzierte Prüfung in Abhängigkeit des Losumfanges N und der Annehmbaren Qualitätsgrenzlage (*AQL*) den Stichprobenumfang n und den Annahmefaktor k.

Bei Anwendung der *R-s-Methode* ist vorerst die entsprechende Stichprobenanweisung (n_s, k) der s-Methode zu ermitteln. Der Annahmefaktor k bleibt gleich, dagegen muss der Stichprobenumfang n_s um den Korrekturfaktor a vergrössert werden (vgl. mit Anhang C, Abschnitt C 1). Die Stichprobe des vergrösserten Umfangs n_R wird dabei geeignet in l Unterstichproben des Umfangs m aufgeteilt;

$n_R = a \cdot n_s$, Umfangvergrösserung; wegen der Unterteilung in Unterstichproben muss n_R eventuell auf ein Vielfaches von m auf- oder abgerundet werden

$n_R = l \cdot m$, Stichprobenaufteilung

- n_s: Stichprobenumfang der entsprechenden s-Methode
- n_R: Stichprobenumfang der R-s-Methode
- a: Korrekturfaktor (siehe Anhang C, Abschnitt C 1)
- m: Umfang der Unterstichproben
- l: Anzahl Unterstichproben

(n_R, k): Stichprobenanweisung der R-s-Methode.

6. Durchführung der Prüfung

Nachdem man die Stichprobenanweisung gemäss den im Kapitel 5 beschriebenen Punkten festgelegt hat, sind alle Vorbereitungen getroffen, damit man die Prüfung durchführen kann.

6.1 Durchführung der Prüfung mit der σ-Methode

Zufällig entnehme man dem Prüflos eine Stichprobe des Umfanges n und messe für das betrachtete Qualitätsmerkmal die Merkmalswerte $x_1, x_2, \ldots, x_n$ jeder gewählten Prüfeinheit und berechne den empirischen Mittelwert

$$\bar{x} = \frac{1}{n} \sum_{i=1}^{n} x_i = \frac{x_1 + x_2 + \cdots + x_n}{n}.$$

σ ist die bekannte Standardabweichung.

Je nach Fall berechne man bei Vorgabe von

$$G_{un}: \quad Q_\sigma = \frac{\bar{x} - G_{un}}{\sigma}$$

bzw.

$$G_{ob}: \quad Q_\sigma = \frac{G_{ob} - \bar{x}}{\sigma}$$

und vergleiche Q_σ mit dem Annahmefaktor K.

Prüfergebnis:

a) Ist $Q_\sigma \geq K$: Los annehmen
b) Ist $Q_\sigma < K$: Los rückweisen.

Beispiel

Die Festigkeitsprüfung der Bruchfestigkeit in N/mm^2 von Auflagerplatten aus UNIDUR (Alu-Legierung) wird mit der σ-Methode durchgeführt; $G_{un} = 390$. Der Fabrikationsprozess verläuft beherrscht mit einer Standardabweichung $\sigma = 11{,}3\ N/mm^2$. Nachdem zehn aufeinanderfolgende Lose angenommen worden sind, soll auf reduzierte Prüfung übergegangen werden. Suche die neue Stichprobenanweisung.

1. $AQL = 1\%$ (wie bisher)
2. σ-Methode, $\sigma = 11{,}3$; Prüfniveau II
3. Reduzierte Prüfung
4. $N = 200$ (wie bisher)
5. $n = 2$, $K = 1{,}33$ (nach Tabelle 3, Seite 27; statt $n = 6$ und $K = 1{,}78$ wie bisher)

Die Stichproben aus den 3 folgenden Losen zeigen folgende Druckfestigkeiten:

Los	Stichprobenwerte	$\bar{x}$	$Q_\sigma = \frac{\bar{x} - 390}{11{,}3}$	Prüfergebnis
1	408, 414	411,0	1,86	Los annehmen
2	408, 408	408,0	1,59	Los annehmen
3	396, 412	404,0	1,24	Los rückweisen

Nach dem dritten Los muss man auf die normale Prüfung übergehen, da ein Los rückgewiesen worden ist.

Bei normaler Prüfung ist $n = 6$ und $K = 1{,}78$.

4. Los: Stichprobenwerte 400, 398, 396, 391, 392, 382
Der Mittelwert ergibt $\bar{x} = 393{,}17$

Q_σ berechnet sich zu $\dfrac{393{,}17 - 390{,}0}{11{,}3} = 0{,}28$.

Da $Q_\sigma = 0{,}28 < K = 1{,}78$, wird auch dieses Los rückgewiesen.

6.2 Durchführung der Prüfung mit der *s*-Methode

Zufällig entnehme man dem Prüflos eine Stichprobe des Umfanges n und messe für das betrachtete Qualitätsmerkmal die Merkmalswerte $x_1, x_2, \ldots, x_n$ jeder gewählten Einheit und berechne daraus

Mittelwert

$$\bar{x} = \frac{1}{n} \sum_{i=1}^{n} x_i = \frac{x_1 + x_2 + \cdots + x_n}{n}$$

und Standardabweichung

$$s = \sqrt{\frac{1}{n-1} \sum_{i=1}^{n} (x_i - \bar{x})^2} = \sqrt{\frac{1}{n-1} \left[\sum_{i=1}^{n} x_i^2 - \frac{1}{n} \left\{ \sum_{i=1}^{n} x_i \right\}^2 \right]}.$$

Taschen- und Tischrechner verfügen häufig über eine spezielle Taste, mit der nach dem Einlesen der Zahlen $x_1, x_2, \ldots, x_n$ der Mittelwert $\bar{x}$ und die Standardabweichung s direkt angezeigt werden. Andernfalls ermittle man diese Stichprobenkennwerte nach folgenden Schritten:

a) Stichprobenumfang n

b) Summe der Merkmalswerte $\sum x_i = x_1 + x_2 + \cdots + x_n$

c) Mittelwert $\bar{x} = \frac{1}{n} \sum x_i$ oder $(b):(a)$

d) Summe der Quadrate der Merkmalswerte

$\sum x_i^2 = x_1^2 + x_2^2 + \cdots + x_n^2$

e) $(\sum x_i)^2 : n$ oder $(b)^2 : (a)$

f) $\sum x_i^2 - [(\sum x_i)^2 : n]$ oder $(d) - (e)$

g) $s^2 = \{\sum x_i^2 - [(\sum x_i)^2 : n]\} : (n - 1)$ oder $(f) : [(a) - 1]$

h) Standardabweichung $s = \sqrt{s^2}$ oder $\sqrt{(g)}$

Je nach Fall berechne man bei Vorgabe von G_{un}:

$$Q_s = \frac{\bar{x} - G_{un}}{s}$$

oder G_{ob}:

$$Q_s = \frac{G_{ob} - \bar{x}}{s}$$

und vergleiche Q_s mit dem Annahmefaktor k.

Prüfergebnis

a) Ist $Q_s \geq k$: Los annehmen;

b) Ist $Q_s < k$: Los rückweisen.

Beispiel

Die Totalhöhe in mm nach der Oberflächenbehandlung (Bronzestrahlung) einer Ankerradbrücke ist annähernd normalverteilt. Unterschreitet die Höhe 0,51 mm, so ist die Brücke nicht annehmbar: $G_{un} = 0{,}51$. Mit der Variablenprüfung sollen alle künftig produzierten Lose bei Vorgabe eines *AQL*-Wertes 2,5% und Losumfang 500 Stück geprüft werden.

1. $AQL = 2{,}5\%$
2. *s*-Methode, Prüfniveau II
3. Bestimmung der Stichprobenanweisung: normale Prüfung
4. $N = 500$
5. Stichprobenanweisung: $n = 25$, $k = 1{,}53$ (nach Tabelle 4, Seite 28)

Dem ersten Los werden $n = 25$ Ankerradbrücken zufällig entnommen.
Die Merkmalswerte in mm gemessen sind:

0,518	0,524	0,550	0,518	0,529
0,525	0,535	0,528	0,550	0,536
0,499	0,532	0,529	0,538	0,532
0,525	0,550	0,528	0,526	0,532
0,536	0,531	0,522	0,507	0,527

Der *Mittelwert* beträgt $\bar{x} = 0{,}5291$ mm und die *Standardabweichung* $s = 0{,}0118$ mm.

Damit ergibt sich $Q_s = \dfrac{\bar{x} - G_{un}}{s} = \dfrac{0{,}5291 - 0{,}510}{0{,}0118} = 1{,}62$.

Da $Q_s = 1{,}62 > k = 1{,}53$, nimmt man das erste Los an.

6.3 Durchführung der Prüfung mit der *R*-*s*-Methode

Die Gesamtstichprobe des Umfangs n_R wird in Unterstichproben aufgeteilt. Zufällig entnehme man dem Prüflos l Unterstichproben des Umfanges m ($n_R = l\,m$).

Man messe für das betrachtete Qualitätsmerkmal die Merkmalswerte $x_1, x_2, \ldots, x_{n_R}$ aller Unterstichproben und berechne daraus:

Mittelwert

$$\bar{x} = \frac{1}{n_R} \sum_{i=1}^{n_R} x_i = \frac{x_1 + x_2 + \cdots + x_{n_R}}{n_R}.$$

Spannweiten der l Unterstichproben

$$R_j(m) = x_{j\,\max} - x_{j\,\min}; \quad j = 1, 2, \ldots, l.$$

Mittlere Spannweite

$$\bar{R} = \frac{1}{l} \sum_{j=1}^{l} R_j(m).$$

Standardabweichung

$$s = \frac{\bar{R}}{d(l, m)}.$$

Die Werte von $d(l, m)$ sind der Tabelle 12 im Anhang C zu entnehmen. Je nach Fall berechne man bei Vorgabe von

$$G_{\text{un}}: \quad Q_{Rs} = d(l, m)\,\frac{\bar{x} - G_{\text{un}}}{\bar{R}}$$

bzw.

$$G_{\text{ob}}: \quad Q_{Rs} = d(l, m)\,\frac{G_{\text{ob}} - \bar{x}}{\bar{R}}$$

und vergleiche Q_{Rs} mit dem Annahmefaktor k der s-Methode.

Prüfergebnis

a) Ist $Q_{Rs} \geq k$: Los annehmen;

b) Ist $Q_{Rs} < k$: Los rückweisen.

Beispiel

Eine Eingangsprüfung erhält 350 Relais vom Typ XC-4/2. Die Prüfanweisung für dieses Relais schreibt unter anderem vor, dass das Merkmal «Ansprechzeit» max. 85 ms betragen darf. In der Prüfspezifikation sind ferner vermerkt: Variablenprüfung, $AQL = 0{,}65\,\%$, R-s-Methode, Prüfniveau II, normale Prüfung.

Der Tabelle für die entsprechende *s*-Methode entnimmt man als Stichproben-anweisung (Tabelle 4):

$n = 20$

$k = 1{,}96$

Vorerst ist der Stichprobenumfang zu korrigieren. Mit dem Unterstichproben-umfang $m = 5$ findet man in der Tabelle 11 im Anhang C für $k \sim 2$ einen Korrekturfaktor a von rund 1,25. Es wird

$n_R = a \cdot n_s = 1{,}25 \cdot 20 = 25$.

Dem Los vom Umfang $N = 350$ werden $n_R = 25$ Relais zufällig entnommen und die Ansprechzeiten in $l = 5$ Unterstichproben (Annahme: 5 Verpackungs-einheiten zu 70 Relais) mit $m = 5$ Relais ausgemessen.

Unterstichprobe j =	1	2	3	4	5	$\sum$
x_{j1}	78	83	80	83	77	
x_{j2}	80	82	80	80	80	
x_{j3}	81	79	77	79	78	
x_{j4}	74	81	85	81	82	
x_{j5}	79	84	84	82	83	
$m =$	5	5	5	5	5	25
$\sum_i x_{ji} =$	392	409	406	405	400	2012
$\bar{x} = \sum_j \sum_i x_{ji} : n_R$						80,48 ms
$R_j = x_{j\max} - x_{j\min}$	7	5	8	4	6	30
$\bar{R} = \sum R_j : l$						6,0 ms

Die Eintragung der Messwerte ins Wahrscheinlichkeitsnetz zeigt, dass mit aus-reichendem Vertrauensniveau kein Grund zur Annahme besteht, dass die Mess-werte nicht normal verteilt sind. Dies berechtigt, die Berechnungen nach den Regeln dieser Schrift zu Ende zu führen.

Nach Tabelle 12, Anhang C wird $d(l, m) = d(5{,}5) = 2{,}36$ und damit

$s = \bar{R} : d(l, m) = 6{,}0 : 2{,}36 = 2{,}54$ ms.

Hieraus folgt

$$Q_{Rs} = \frac{G_{ob} - \bar{x}}{s} = d(l, m)\frac{G_{ob} - \bar{x}}{\bar{R}} = \frac{85 - 80{,}48}{2{,}54} = 2{,}36\,\frac{85 - 80{,}48}{6{,}0},$$

$$Q_{Rs} = \underline{1{,}78 < k = 1{,}96}$$

mit dem Schluss, dass das Los den Annahmebedingungen nicht entspricht und rückzuweisen ist.

Man beachte:

- kein Messwert der Stichproben liegt über dem oberen Grenzwert;
- die entsprechende Stichprobenanweisung *n-c* für Attributprüfung ist 80–1;
- das Verhältnis der Stichprobenumfänge von Variablenprüfung zu Attributprüfung beträgt 1:3,2;
- bei der *s*-Methode würde dieses Verhältnis 1:4 betragen, dafür entfällt bei der *R-s*-Methode die Berechnung von *s* (kann bei Berechnungen ohne Rechner von Bedeutung sein).

6.4 Stichprobenpläne

Die nachfolgend aufgeführten Stichprobentabellen bilden einen Auszug aus ISO/DIS 3951 (1976) in Anlehnung an den ABC-STD 105 und ISO 2859.

Es wurden die in der Praxis wichtigsten *AQL*-Werte von 0,1 bis 10,0% gewählt. Damit die Handhabung erleichtert wird, sind die Losumfänge *N* den Stichprobenanweisungen direkt zugeordnet. Die Angabe von Kennbuchstaben entfällt, da sich die hier aufgeführte Vorzugsreihe auf das Prüfniveau II beschränkt. Dies entspricht auch der üblichen Anwendung der ISO 2859.

Vorzugsreihe

Tabelle 1: Einfach-Stichprobenpläne für normale Prüfung, σ-Methode, Prüfniveau II

Losumfang	Annehmbare Qualitätsgrenzlage *AQL* [%]																				
	0,10		0,15		0,25		0,40		0,65		1,00		1,50		2,50		4,00		6,50		10,00	
N	*n*	*K*	*n*	*K*	*n*	*K*	*n*	*K*	*n*	*K*	*n*	*K*	*n*	*K*	*n*	*K*	*n*	*K*	*n*	*K*	*n*	*K*
– 15	↓		↓		↓		↓		↓		↓		↓		↓		↓		↓		↓	
16 – 25											2	1,36	2	1,25	2	1,09	2	0,936	3	0,755	3	0,573
26 – 50									2	1,58	2	1,42	2	1,33	3	1,17	3	1,01	3	0,825	4	0,641
51 – 90					2	1,94	2	1,81	3	1,69	3	1,56	3	1,44	4	1,28	4	1,11	5	0,919	5	0,728
91 – 150			3	2,19	3	2,07	3	1,91	4	1,80	4	1,69	4	1,53	5	1,39	5	1,20	6	0,991	7	0,797
151 – 280	4	2,39	4	2,30	4	2,14	5	2,05	5	1,88	6	1,78	6	1,62	7	1,45	8	1,28	9	1,07	11	0,877
281 – 400	5	2,46	5	2,34	6	2,23	6	2,08	7	1,95	7	1,80	8	1,68	9	1,49	10	1,31	12	1,11	14	0,906
401 – 500	6	2,49	6	2,37	7	2,25	8	2,13	8	1,96	9	1,83	10	1,70	11	1,51	13	1,34	15	1,13	17	0,924
501 – 1200	8	2,54	9	2,45	9	2,29	10	2,16	11	2,01	12	1,88	14	1,75	15	1,56	18	1,38	20	1,17	24	0,964
1201 – 3200	11	2,59	12	2,49	13	2,35	14	2,21	16	2,07	17	1,93	19	1,79	22	1,61	25	1,42	29	1,21	33	0,995
3201 – 10000	16	2,65	17	2,54	19	2,41	21	2,27	23	2,12	25	1,97	28	1,84	32	1,65	36	1,46	42	1,24	49	↑ 1,03
10001 – 35000	22	2,69	23	2,57	25	2,43	27	2,29	30	2,14	33	2,00	36	1,86	42	1,67	48	1,48	55	↑ 1,26	64	1,05
35001 – 150000	31	2,72	34	2,62	37	2,47	40	2,33	44	2,17	49	2,03	54	1,89	61	1,69	70	↑ 1,51	82	1,29	95	1,07
> 150000	42	2,73	45	2,62	49	2,48	54	2,34	59	2,18	65	2,04	71	1,89	81	↑ 1,70	93	1,51	109	1,29	127	1,07

Bedeutung der verwendeten Symbole:

↓ Für diesen Bereich bestehen keine Stichprobenanweisungen. Benütze die erste Stichprobenanweisung untei dem Pfeil.

↑ Die Stichprobenanweisungen in diesem Bereich gewährleisten eine höhere Sicherheit als die Attributprüfung bei gleichem Prüfniveau. Im Einvernehmen der Vertragspartner kann die Prüfung mittels der Stichprobenanweisung über dem Pfeil erfolgen.

Die stark ausgezogenen Linien zeigen die Grenzen der Stichprobenanweisungen für Attributprüfung nach ISO 2859.

N Losumfang
n Stichprobenumfang
K Annahmefaktor

Quelle: ISO/DIS 3951

Vorzugsreihe

Tabelle 2: Einfach-Stichprobenpläne für verschärfte Prüfung, σ-Methode, Prüfniveau II

Losumfang	Annehmbare Qualitätsgrenzlage *AQL* [%]																					
	0,10		0,15		0,25		0,40		0,65		1,00		1,50		2,50		4,00		6,50		10,00	
N	*n*	*K*	*n*	*K*	*n*	*K*	*n*	*K*	*n*	*K*	*n*	*K*	*n*	*K*	*n*	*K*	*n*	*K*	*n*	*K*	*n*	*K*
— 15	↓		↓		↓		↓		↓		↓		↓		↓		↓		↓		↓	
16— 25													2	1,36	2	1,25	2	1,09	2	0,936	3	0,755
26— 50											2	1,58	2	1,42	2	1,33	3	1,17	3	1,01	3	0,825
51— 90							2	1,94	2	1,81	3	1,69	3	1,56	3	1,44	4	1,23	4	1,11	5	0,919
91— 150					3	2,19	3	2,07	3	1,91	4	1,80	4	1,69	4	1,53	5	1,39	5	1,20	6	0,991
151— 280	3	2,49	4	2,39	4	2,30	4	2,14	5	2,05	5	1,88	6	1,78	6	1,62	7	1,45	8	1,28	9	1,07
281— 400	4	2,55	5	2,46	5	2,34	6	2,23	6	2,08	7	1,95	7	1,80	8	1,68	9	1,49	10	1,31	12	1,11
401— 500	6	2,59	6	2,49	6	2,37	7	2,25	8	2,13	8	1,96	9	1,83	10	1,70	11	1,51	13	1,34	15	1,13
501— 1200	7	2,63	8	2,54	9	2,45	9	2,29	10	2,16	11	2,01	12	1,86	14	1,75	15	1,56	18	1,38	20	1,17
1201— 3200	11	2,72	11	2,59	12	2,49	13	2,35	14	2,21	16	2,07	17	1,93	19	1,79	22	1,61	25	1,42	29	1,21
3201— 10000	15	2,77	16	2,65	17	2,54	19	2,41	21	2,27	23	2,12	25	1,97	28	1,84	32	1,65	36	1,46	42 ↑	1,24
10001— 35000	20	2,80	22	2,69	23	2,57	25	2,43	27	2,29	30	2,14	33	2,00	36	1,86	42	1,67	48 ↑	1,48	55	1,26
35001—150000	30	2,84	31	2,72	34	2,62	37	2,47	40	2,33	44	2,17	49	2,03	54	1,89	61 ↑	1,69	70	1,51	82	1,29
>150000	40	2,85	42	2,73	45	2,62	49	2,48	54	2,34	59	2,18	65	2,04	71 ↑	1.89	81	1,70	93	1,51	109	1,29

Bedeutung der verwendeten Symbole:

↓ Für diesen Bereich bestehen keine Stichprobenanweisungen. Benütze die erste Stichprobenanweisung unter dem Pfeil.

↑ Die Stichprobenanweisungen in diesem Bereich gewährleisten eine höhere Sicherheit als die Attributprüfung bei gleichem Prüfniveau. Im Einvernehmen der Vertragspartner kann die Prüfung mittels der Stichprobenanweisung über dem Pfeil erfolgen.

Die stark ausgezogenen Linien zeigen die Grenzen der Stichprobenanweisungen für Attributprüfung nach ISO 2859.

N Losumfang
n Stichprobenumfang
K Annahmefaktor

Quelle: ISO/DIS 3951

Vorzugsreihe

Tabelle 3: Einfach-Stichprobenpläne für reduzierte Prüfung, σ-Methode, Prüfniveau II

Losumfang	Annehmbare Qualitätsgrenzlage *AQL* [%]																					
	0,10		0,15		0,25		0,40		0,65		1,00		1,50		2,50		4,00		6,50		10,00	
N	*n*	*K*	*n*	*K*	*n*	*K*	*n*	*K*	*n*	*K*	*n*	*K*	*n*	*K*	*n*	*K*	*n*	*K*	*n*	*K*	*n*	*K*
— 15	↓		↓		↓		↓		↓		↓		↓		↓		↓		↓		↓	
16— 25	↓		↓		↓		↓		↓		↓		↓		↓		↓		↓		↓	
26— 50	↓		↓		↓		↓		↓		↓		↓		↓		↓		↓		↓	
51— 90	↓		↓		↓		↓		↓		↓		↓		↓		↓		↓		↓	
91— 150	↓		↓		↓		↓		2	1,36	2	1,25	2	1,09	2	0,936	3	0,755	3	0,573	4	0,344
151— 280	↓		↓		↓		2	1,58	2	1,42	2	1,33	3	1,17	3	1,01	3	0,825	4	0,641	4	0,429
281— 400	↓		2	1,94	2	1,81	3	1,69	3	1,56	3	1,44	4	1,28	4	1,11	5	0,919	5	0,728	6	0,515
401— 500	3	2,19	3	2,07	3	1,91	4	1,80	4	1,69	4	1,53	5	1,39	5	1,20	6	0,991	7	0,797	8	0,584
501— 1200	4	2,30	4	2,14	5	2,05	5	1,88	6	1,78	6	1,62	7	1,45	8	1,28	9	1,07	11	0,877	12	0,649
1201— 3200	5	2,34	6	2,23	6	2,08	7	1,95	7	1,80	8	1,68	9	1,49	10	1,31	12	1,11	14	0,906	16	0,685
3201— 10000	6	2,37	7	2,25	8	2,13	8	1,96	9	1,83	10	1,70	11	1,51	13	1,34	15	1,13	17	0,924	20 ↑	0,706
10001— 35000	9	2,45	9	2,29	10	2,16	11	2,01	12	1,88	14	1,75	15	1,56	18	1,38	20	1,17	24 ↑	0,964	27	0,737
35001—150000	12	2,49	13	2,35	14	2,21	16	2,07	17	1,93	19	1,79	22	1,61	25	1,42	29 ↑	1,21	33	0,995	38	0,770
>150000	17	2,54	19	2,41	21	2,27	23	2,12	25	1,97	28	1,84	32	1,65	36 ↑	1,46	42	1,24	49	1,03	56	0,803

Bedeutung der verwendeten Symbole:

↓ Für diesen Bereich bestehen keine Stichprobenanweisungen. Benütze die erste Stichprobenanweisung unter dem Pfeil.

↑ Die Stichprobenanweisungen in diesem Bereich gewährleisten eine höhere Sicherheit als die Attributprüfung bei gleichem Prüfniveau. Im Einvernehmen der Vertragspartner kann die Prüfung mittels der Stichprobenanweisung über dem Pfeil erfolgen.

Die stark ausgezogenen Linien zeigen die Grenzen der Stichprobenanweisungen für Attributprüfung nach ISO 2859.

N Losumfang
n Stichprobenumfang
K Annahmefaktor

Quelle: ISO/DIS 3951

Vorzugsreihe

Tabelle 4: Einfach-Stichprobenpläne für normale Prüfung, *s*-Methode, Prüfniveau II

Losumfang	Stichproben-umfang	Annehmbare Qualitätsgrenzlage *AQL* [%]										
		0,10	0,15	0,25	0,40	0,65	1,00	1,50	2,50	4,00	6,50	10,00
N	*n*	*k*	*k*	*k*	*k*	*k*	*k*	*k*	*k*	*k*	*k*	*k*
– 15	3	↓	↓	↓	↓	↓	↓	↓	1,12	0,958	0,765	0,566
16 – 25	4						1,45	1,34	1,17	1,01	0,814	0,617
26 – 50	5					1,65	1,53	1,40	1,24	1,07	0,874	0,675
51 – 90	7			2,00	1,88	1,75	1,62	1,50	1,33	1,15	0,955	0,755
91 – 150	10		2,24	2,11	1,98	1,84	1,72	1,58	1,41	1,23	1,03	0,828
151 – 280	15	2,42	2,32	2,20	2,06	1,91	1,79	1,65	1,47	1,30	1,09	0,886
281 – 400	20	2,47	2,36	2,24	2,11	1,96	1,82	1,69	1,51	1,33	1,12	0,917
401 – 500	25	2,50	2,40	2,26	2,14	1,98	1,85	1,72	1,53	1,35	1,14	0,936
501 – 1200	35	2,54	2,45	2,31	2,18	2,03	1,89	1,76	1,57	1,39	1,18	0,969
1201 – 3200	50	2,60	2,50	2,35	2,22	2,08	1,93	1,80	1,61	1,42	1,21	1,00
3201 – 10000	75	2,66	2,55	2,41	2,27	2,12	1,98	1,84	1,65	1,46	1,24	1,03
10001 – 35000	100	2,69	2,58	2,43	2,29	2,14	2,00	1,86	1,67	1,48	1,26	1,05
35001 – 150000	150	2,73	2,61	2,47	2,33	2,18	2,03	1,89	1,70	1,51	1,29	1,07
>150000	200	2,73	2,62	2,47	2,33	2,18	2,04	1,89	1,70	1,51	1,29	1,07

Bedeutung der verwendeten Symbole:

↓ Für diesen Bereich bestehen keine Stichprobenanweisungen. Benütze die erste Stichprobenanweisung unter dem Pfeil. Beachte: Es kommen alle unter dem Pfeil befindlichen Angaben zur Anwendung, also sowohl der Stichprobenumfang *n* als auch der Annahmefaktor *k*.

↑ Die Stichprobenanweisungen in diesem Bereich gewährleisten eine höhere Sicherheit als die Attributprüfung bei gleichem Prüfniveau. Im Einvernehmen der Vertragspartner kann die Prüfung mittels der Stichprobenanweisung über dem Pfeil erfolgen. Beachte: Es kommen alle über dem Pfeil befindlichen Angaben zur Anwendung, also sowohl der Stichprobenumfang *n* als auch der Annahmefaktor *k*.

┘ Die stark ausgezogenen Linien zeigen die Grenzen der Stichprobenanweisungen für Attributprüfung nach ISO 2859.

N Losumfang
n Stichprobenumfang
k Annahmefaktor

Quelle: ISO/DIS 3951

Vorzugsreihe

Tabelle 5: Einfach-Stichprobenpläne für verschärfte Prüfung, *s*-Methode, Prüfniveau II

Losumfang	Stichproben-umfang	Annehmbare Qualitätsgrenzlage *AQL* [%]										
		0,10	0,15	0,25	0,40	0,65	1,00	1,50	2,50	4,00	6,50	10,00
N	*n*	*k*	*k*	*k*	*k*	*k*	*k*	*k*	*k*	*k*	*k*	*k*
— 15	3	↓	↓	↓	↓	↓	↓	↓	↓	1,12	0,958	0,765
16— 25	4							1,45	1,34	1,17	1,01	0,814
26— 50	5						1,65	1,53	1,40	1,24	1,07	0,874
51— 90	7				2,00	1,88	1,75	1,62	1,50	1,33	1,15	0,955
91— 150	10			2,24	2,11	1,98	1,84	1,72	1,58	1,41	1,23	1,03
151— 280	15	2,53	2,42	2,32	2,20	2,06	1,91	1,79	1,65	1,47	1,30	1,09
281— 400	20	2,58	2,47	2,36	2,24	2,11	1,96	1,82	1,69	1,51	1,33	1,12
401— 500	25	2,61	2,50	2,40	2,26	2,14	1,98	1,85	1,72	1,53	1,35	1,14
501— 1200	35	2,65	2,54	2,45	2,31	2,18	2,03	1,89	1,76	1,57	1,39	1,18
1201— 3200	50	2,71	2,60	2,50	2,35	2,22	2,08	1,93	1,80	1,61	1,42	1,21
3201— 10000	75	2,77	2,66	2,55	2,41	2,27	2,12	1,98	1,84	1,65	1,46	↑ 1,24
10001— 35000	100	2,80	2,69	2,58	2,43	2,29	2,14	2,00	1,86	1,67	↑ 1,48	1,26
35001—150000	150	2,84	2,73	2,61	2,47	2,33	2,18	2,03	1,89	↑ 1,70	1,51	1,29
>150000	200	2,85	2,73	2,62	2,47	2,33	2,18	2,04	↑ 1,89	1,70	1,51	1,29

Bedeutung der verwendeten Symbole:

↓ Für diesen Bereich bestehen keine Stichprobenanweisungen. Benütze die erste Stichprobenanweisung unter dem Pfeil. Beachte: Es kommen alle unter dem Pfeil befindlichen Angaben zur Anwendung, also sowohl der Stichprobenumfang *n* als auch der Annahmefaktor *k*.

↑ Die Stichprobenanweisungen in diesem Bereich gewährleisten eine höhere Sicherheit als die Attributprüfung bei gleichem Prüfniveau. Im Einvernehmen der Vertragspartner kann die Prüfung mittels der Stichprobenanweisung über dem Pfeil erfolgen. Beachte: Es kommen alle über dem Pfeil befindlichen Angaben zur Anwendung, also sowohl der Stichprobenumfang *n* als auch der Annahmefaktor *k*.

Die stark ausgezogenen Linien zeigen die Grenzen der Stichprobenanweisungen für Attributprüfung nach ISO 2859.

N Losumfang
n Stichprobenumfang
k Annahmefaktor

Quelle: ISO/DIS 3951

Vorzugsreihe

Tabelle 6: Einfach-Stichprobenpläne für reduzierte Prüfung, *s*-Methode, Prüfniveau II

Losumfang	Stichproben-umfang	Annehmbare Qualitätsgrenzlage *AQL* [%]										
		0,10	0,15	0,25	0,40	0,65	1,00	1,50	2,50	4,00	6,50	10,00
N	*n*	*k*	*k*	*k*	*k*	*k*	*k*	*k*	*k*	*k*	*k*	*k*
— 15	3	↓	↓	↓	↓	↓	↓	1,12	0,958	0,765	0,566	0,341
16— 25	3							1,12	0,958	0,765	0,566	0,341
26— 50	3							1,12	0,958	0,765	0,566	0,341
51— 90	3							1,12	0,958	0,765	0,566	0,341
91— 150	4					1,45	1,34	1,17	1,01	0,814	0,617	0,393
151— 280	5				1,65	1,53	1,40	1,24	1,07	0,874	0,675	0,455
281— 400	7		2,00	1,88	1,75	1,62	1,50	1,33	1,15	0,955	0,755	0,536
401— 500	10	2,24	2,11	1,98	1,84	1,72	1,58	1,41	1,23	1,03	0,828	0,611
501— 1200	15	2,32	2,20	2,06	1,91	1,79	1,65	1,47	1,30	1,09	0,886	0,664
1201— 3200	20	2,36	2,24	2,11	1,96	1,82	1,69	1,51	1,33	1,12	0,917	0,695
3201— 10000	25	2,40	2,26	2,14	1,98	1,85	1,72	1,53	1,35	1,14	0,936	↑ 0,712
10001— 35000	35	2,45	2,31	2,18	2,03	1,89	1,76	1,57	1,39	1,18	↑ 0,969	0,745
35001—150000	50	2,50	2,35	2,22	2,08	1,93	1,80	1,61	1,42	↑ 1,21	1,00	0,774
>150000	75	2,55	2,41	2,27	2,12	1,98	1,84	1,65	↑ 1,46	1,24	1,03	0,804

Bedeutung der verwendeten Symbole:

↓ Für diesen Bereich bestehen keine Stichprobenanweisungen. Benütze die erste Stichprobenanweisung unter dem Pfeil. Beachte: Es kommen alle unter dem Pfeil befindlichen Angaben zur Anwendung, also sowohl der Stichprobenumfang *n* als auch der Annahmefaktor *k*.

↑ Die Stichprobenanweisungen in diesem Bereich gewährleisten eine höhere Sicherheit als die Attributprüfung bei gleichem Prüfniveau. Im Einvernehmen der Vertragspartner kann die Prüfung mittels der Stichprobenanweisung über dem Pfeil erfolgen. Beachte: Es kommen alle über dem Pfeil befindlichen Angaben zur Anwendung, also sowohl der Stichprobenumfang *n* als auch der Annahmefaktor *k*.

Die stark ausgezogenen Linien zeigen die Grenzen der Stichprobenanweisungen für Attributprüfung nach ISO 2859.

N Losumfang
n Stichprobenumfang
k Annahmefaktor

Quelle: ISO/DIS 3951

7. Vergleich der Stichprobenumfänge der Attribut- und Variablenprüfung (s-Methode) sowie der σ- und s-Methode der Variablenprüfung

In der Tabelle 7 sind für die normale Prüfung die Stichprobenumfänge der Attributprüfung und der s-Methode der Variablenprüfung einander gegenübergestellt.

In der Tabelle 8 können die Stichprobenumfänge für die σ- und s-Methode der Variablenprüfung verglichen werden, ebenfalls für normale Prüfung.

Tabelle 7: Gegenüberstellung der Stichprobenumfänge der Attributprüfung und der *s*-Methode der Variablenprüfung bei normaler Prüfung

Losumfang *N*	Stichprobenumfang der *s*-Methode	Stichprobenumfang der Attributprüfung *nA*										
		Annehmbare Qualitätsgrenzlage *AQL* [%]										
	nV	0,10	0,15	0,25	0,40	0,65	1,00	1,50	2,50	4,00	6,50	10,00
— 15	3	*N*	*N*	*N*	*N*	*N*	Nbzw 13	8	5	3	2	5
16— 25	4	*N*	*N*	*N*	*N*	Nbzw 20	13	8	5	3	8	5
26— 50	5	*N*	*N*	*N*	Nbzw 32	20	13	8	5	13	8	8
51— 90	7	*N*	Nbzw 80	50	32	20	13	8	20	13	13	13
91— 150	10	Nbzw 125	80	50	32	20	13	32	20	20	20	20
151— 280	15	125	80	50	32	20	50	32	32	32	32	32
281— 400	20	125	80	50	32	80	50	50	50	50	50	50
401— 500	25	125	80	50	32	80	50	50	50	50	50	50
501— 1200	35	125	80	50	125	80	80	80	80	80	80	80
1201— 3200	50	125	80	200	125	125	125	125	125	125	125	125
3201— 10000	75	125	315	200	200	200	200	200	200	200	200	125
10001— 35000	100	500	315	315	315	315	315	315	315	315	200	125
35001—150000	150	500	500	500	500	500	500	500	500	315	200	125
>150000	200	800	800	800	800	800	800	800	500	315	200	125

Quelle: ISO/DIS 3951 und DGQ-SAQ-ÖPWZ 1

▭ Stichprobenumfang Attributprüfung $\leq$ Stichprobenumfang Variablenprüfung.

Alle übrigen Stichprobenumfänge bei der Attributprüfung sind wesentlich grösser als bei der Variablenprüfung.

Tabelle 8: Gegenüberstellung der Stichprobenumfänge der σ- und s-Methode der Variablenprüfung bei normaler Prüfung

Losumfang *N*	Stichprobenumfang der *s*-Methode	Stichprobenumfang der σ-Methode – Annehmbare Qualitätsgrenzlage *AQL* [%]										
		0,10	0,15	0,25	0,40	0,65	1,00	1,50	2,50	4,00	6,50	10,00
— 15	3	↓	↓	↓	↓	↓	↓	↓	↓	↓	↓	↓
16— 25	4	↓	↓	↓	↓	↓	2	2	2	2	3	3
26— 50	5	↓	↓	↓	↓	2	2	2	3	3	3	4
51— 90	7	↓	↓	2	2	3	3	3	4	4	5	5
91— 150	10	↓	3	3	3	4	4	4	5	5	6	7
151— 280	15	4	4	4	5	5	6	6	7	8	9	11
281— 400	20	5	5	6	6	7	7	8	9	10	12	14
401— 500	25	6	6	7	8	8	9	10	11	13	15	17
501— 1200	35	8	9	9	10	11	12	14	15	18	20	24
1201— 3200	50	11	12	13	14	16	17	19	22	25	29	33
3201— 10000	75	16	17	19	21	23	25	28	32	36	42	49
10001— 35000	100	22	23	25	27	30	33	36	42	48	55	64
35001—150000	150	31	34	37	40	44	49	54	61	70	82	95
>150000	200	42	45	49	54	59	65	71	81	93	109	127

Quelle: ISO/DIS 3951

8. Operationscharakteristiken

Übersicht über die dargestellten Kurven (*N* und *AQL* sind den Tabellen 1–6 zu entnehmen).

σ-Methode:

n	*K*								
2	1,94	1,81	1,58	1,42	1,36	1,33	1,25	1,09	0,94
3	2,49	2,19	2,07	1,91	1,69	1,56	1,44	1,17	1,01
							0,83	0,75	0,57
4	2,55	2,39	2,30	2,14	1,80	1,69	1,53	1,28	1,23
						1,11	0,64	0,43	0,34
5	2,46	2,34	2,05	1,88	1,39	1,20	0,92	0,73	
6	2,59	2,49	2,37	2,23	2,08	1,78	1,62	0,99	0,52
7	2,63	2,25	1,95	1,80	1,45	0,80			
8	2,54	2,13	1,96	1,68	1,28	0,58			
9	2,45	2,29	1,83	1,49	1,07				
10	2,16	1,70	1,31						
11	2,72	2,59	2,01	1,51	0,88				
12	2,49	1,88	1,86	1,11	0,65				
13	2,35	1,34							
14	2,21	1,75	0,91						
15	2,77	1,56	1,13						
16	2,65	2,07	0,69						
17	2,54	1,93	0,92						
18	1,38								
19	2,41	1,79							
20	2,80	1,17	0,71						
21	2,27								
22	2,69	1,61							
23	2,57	2,12							
24	0,96								
25	2,43	1,97	1,42						
27	2,29	0,74							
28	1,84								
29	1,21								
30	2,84	2,14							
31	2,72								
32	1,65								
33	2,00	1,00							
34	2,62								
36	1,86	1,46							
37	2,47								
38	0,77								
40	2,85	2,33							
42	2,73	1,67	1,24						

n	K		
44	2,17		
45	2,62		
48	1,48		
49	2,48	2,03	1,03
54	2,34	1,89	
55	1,26		
56	0,80		
59	2,18		
61	1,69		
64	1,05		
65	2,04		
70	1,51		
71	1,89		
81	1,70		
82	1,29		
93	1,51		
95	1,07		
109	1,29		
127	1,07		

s-Methode:

n	k									
3	1,12	0,96	0,76	0,57	0,34					
4	1,45	1,34	1,17	1,01	0,81	0,62	0,39			
5	1,65	1,53	1,40	1,24	1,07	0,87	0,68	0,46		
7	2,00	1,88	1,75	1,62	1,50	1,33	1,15	0,96	0,76	0,54
10	2,24	2,11	1,98	1,84	1,72	1,58	1,41	1,23	1,03	0,83
										0,61
15	2,53	2,42	2,32	2,20	2,06	1,91	1,79	1,65	1,47	1,30
								1,09	0,89	0,66
20	2,58	2,47	2,36	2,24	2,11	1,96	1,82	1,69	1,51	1,33
								1,12	0,92	0,70
25	2,61	2,50	2,40	2,26	2,14	1,98	1,85	1,72	1,53	1,35
								1,14	0,94	0,71
35	2,65	2,54	2,45	2,31	2,18	2,03	1,89	1,76	1,57	1,39
								1,18	0,97	0,75
50	2,71	2,60	2,50	2,35	2,22	2,08	1,93	1,80	1,61	1,41
								1,21	1,00	0,77
75	2,77	2,66	2,55	2,41	2,27	2,12	1,98	1,84	1,65	1,46
								1,24	1,03	0,80
100	2,80	2,69	2,58	2,43	2,29	2,14	2,00	1,86	1,67	1,48
									1,26	1,05
150	2,84	2,73	2,61	2,47	2,33	2,18	2,03	1,89	1,70	1,51
									1,29	1,07
200	2,85	2,73	2,62	2,47	2,33	2,18	2,04	1,89	1,70	1,51
									1,29	1,07

σ- Methode

n = 2

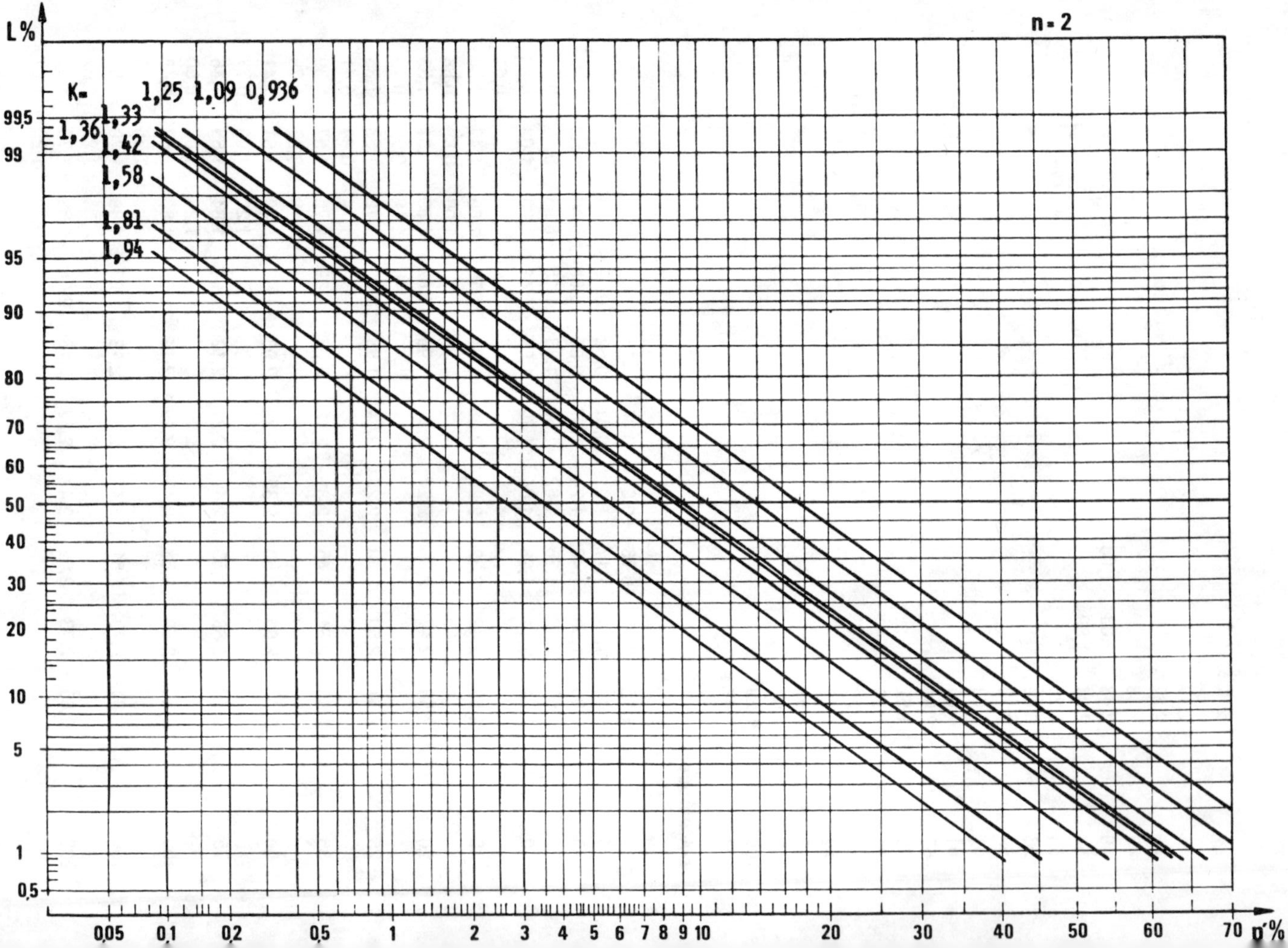
L %
K=
1,25 1,09 0,936
1,36 1,33
1,42
1,58
1,81
1,94
99,5
99
95
90
80
70
60
50
40
30
20
10
5
1
0,5
0,05 0,1 0,2 0,5 1 2 3 4 5 6 7 8 9 10 20 30 40 50 60 70 p'%

σ- Methode

n = 3

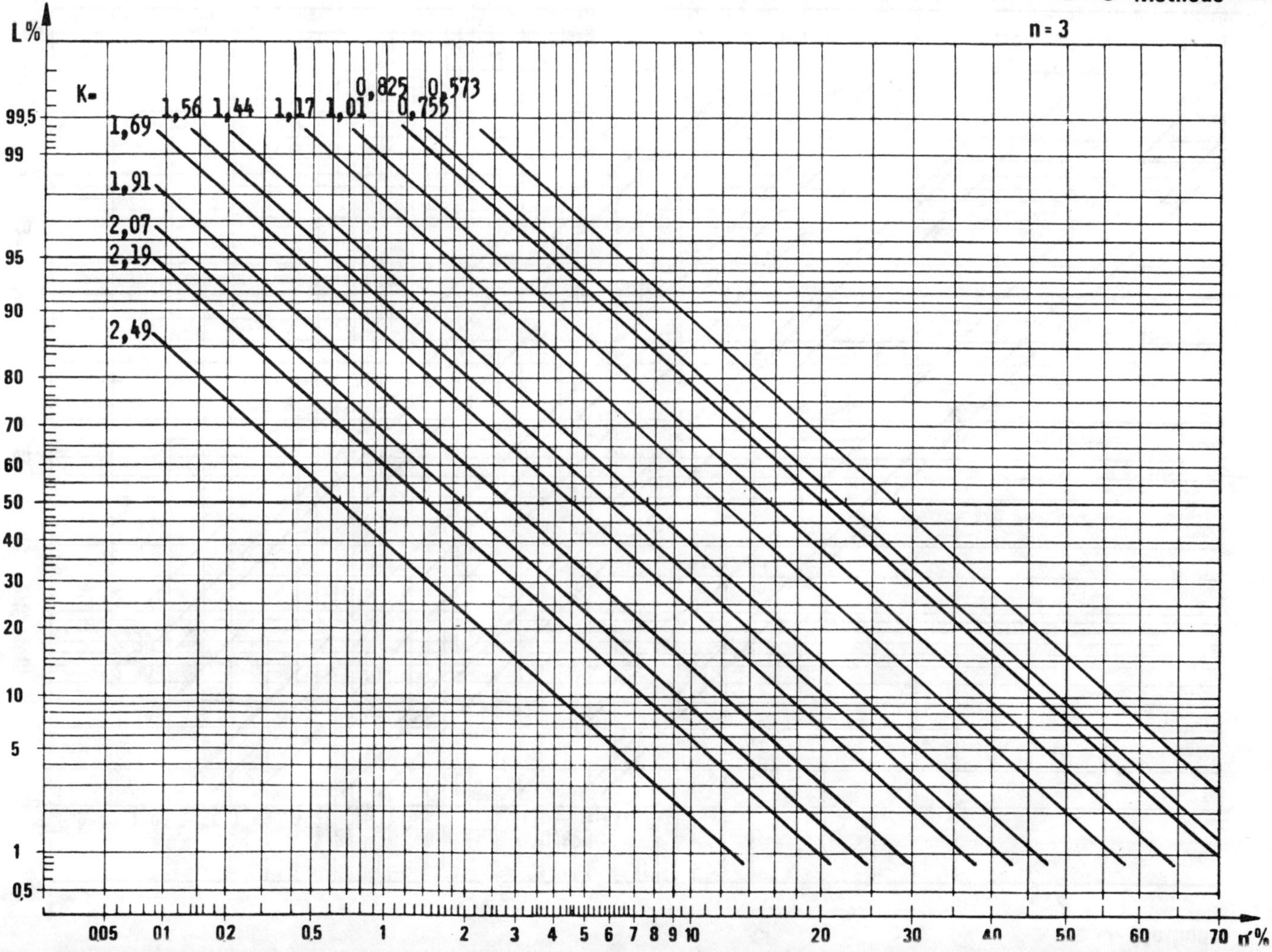

L %
99,5
99
95
90
80
70
60
50
40
30
20
10
5
1
0,5
K=
1,69
1,56
1,44
1,17
1,01
0,825
0,755
0,573
1,91
2,07
2,19
2,49
0,05
0,1
0,2
0,5
1
2
3
4
5
6
7
8
9
10
20
30
40
50
60
70
n%

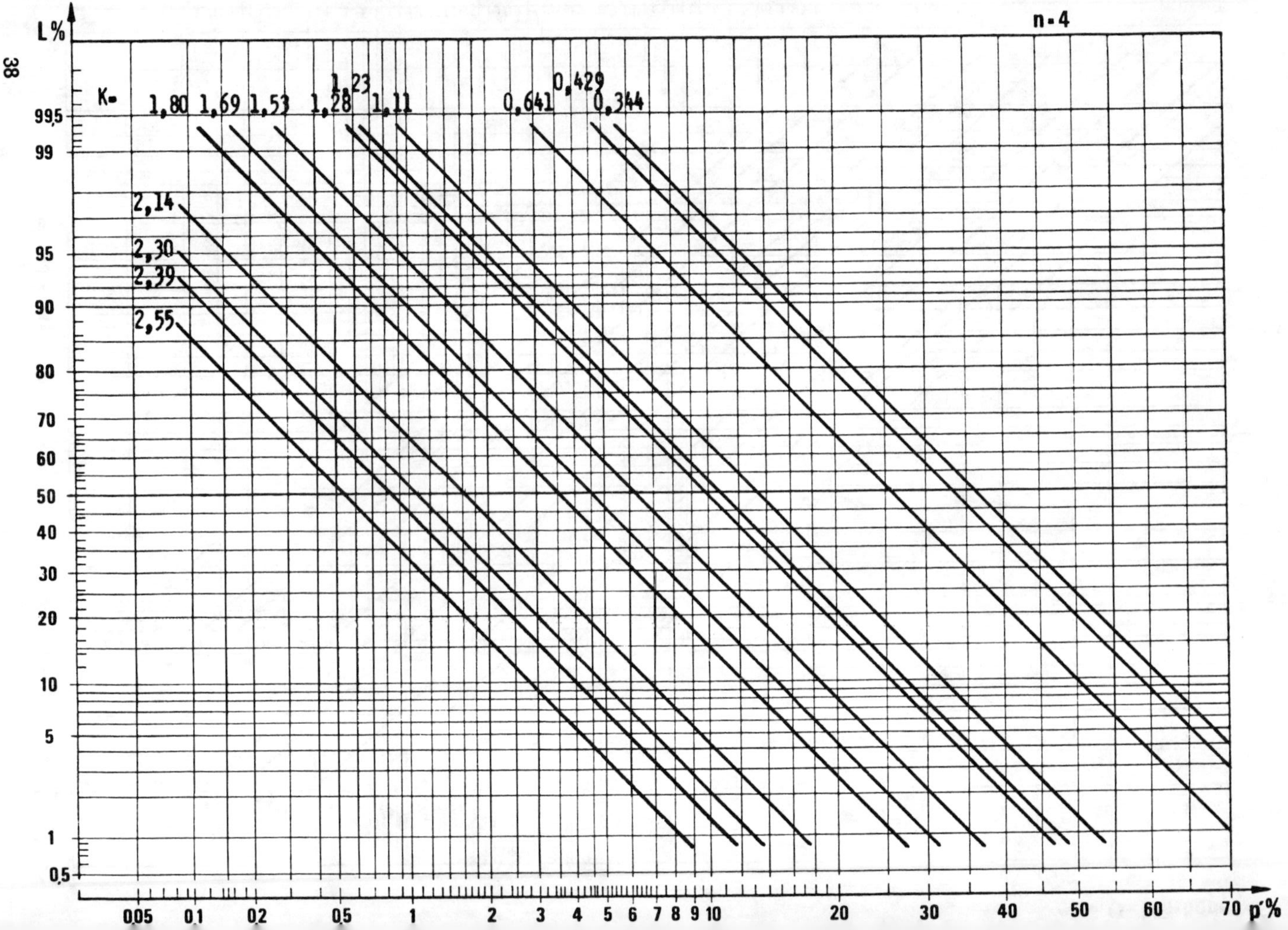
n = 4
L %
K =
1,80
1,69
1,53
1,28
1,23
1,11
0,641
0,429
0,344
2,14
2,30
2,39
2,55
99,5
99
95
90
80
70
60
50
40
30
20
10
5
1
0,5
0,05
0,1
0,2
0,5
1
2
3
4
5
6
7
8
9
10
20
30
40
50
60
70
p'%

σ- Methode

n = 5

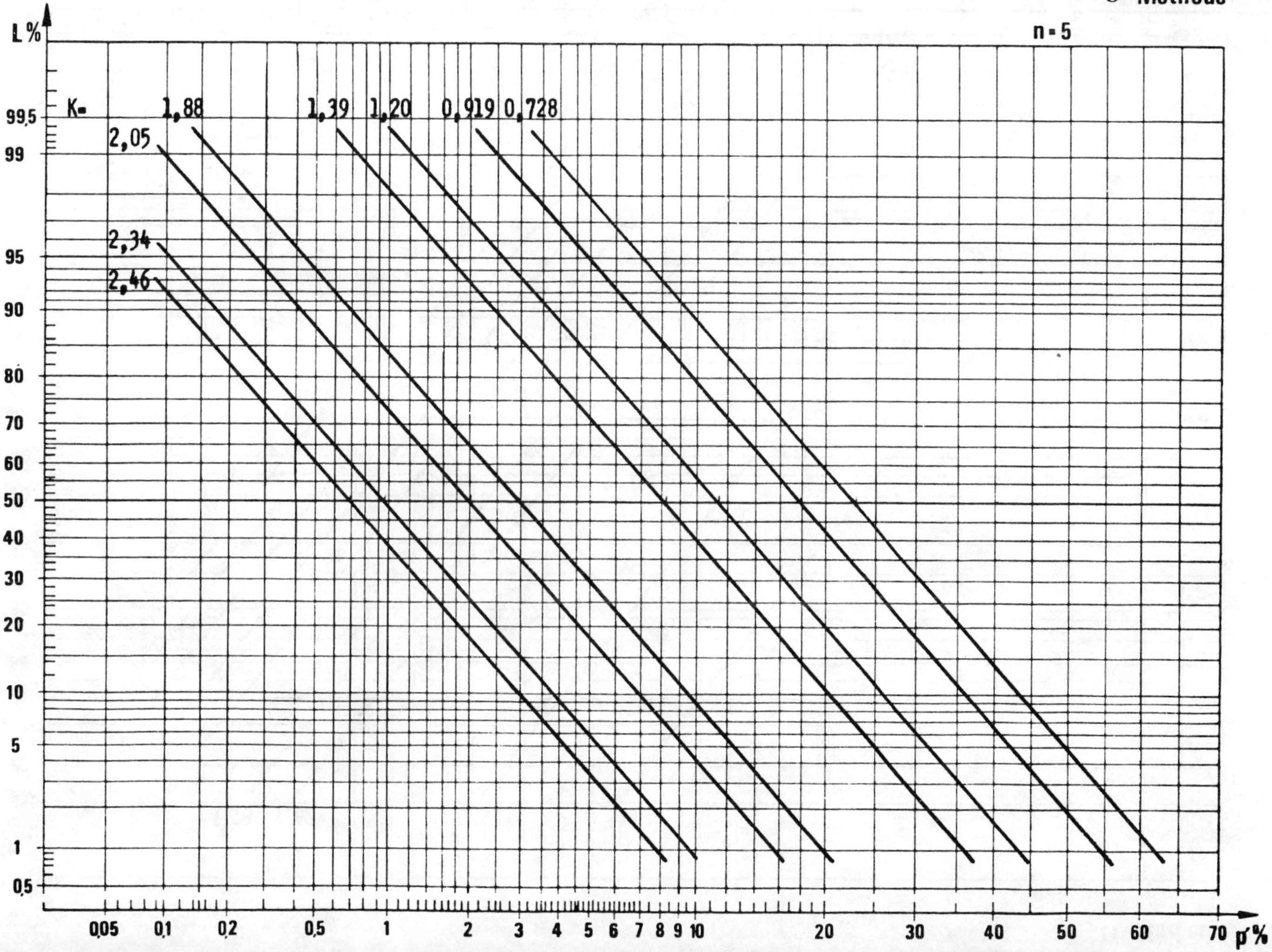

L %
99,5
99
95
90
80
70
60
50
40
30
20
10
5
1
0,5
K=
1,88
1,39
1,20
0,919
0,728
2,05
2,34
2,46
0,05
0,1
0,2
0,5
1
2
3
4
5
6
7
8
9
10
20
30
40
50
60
70
p'%

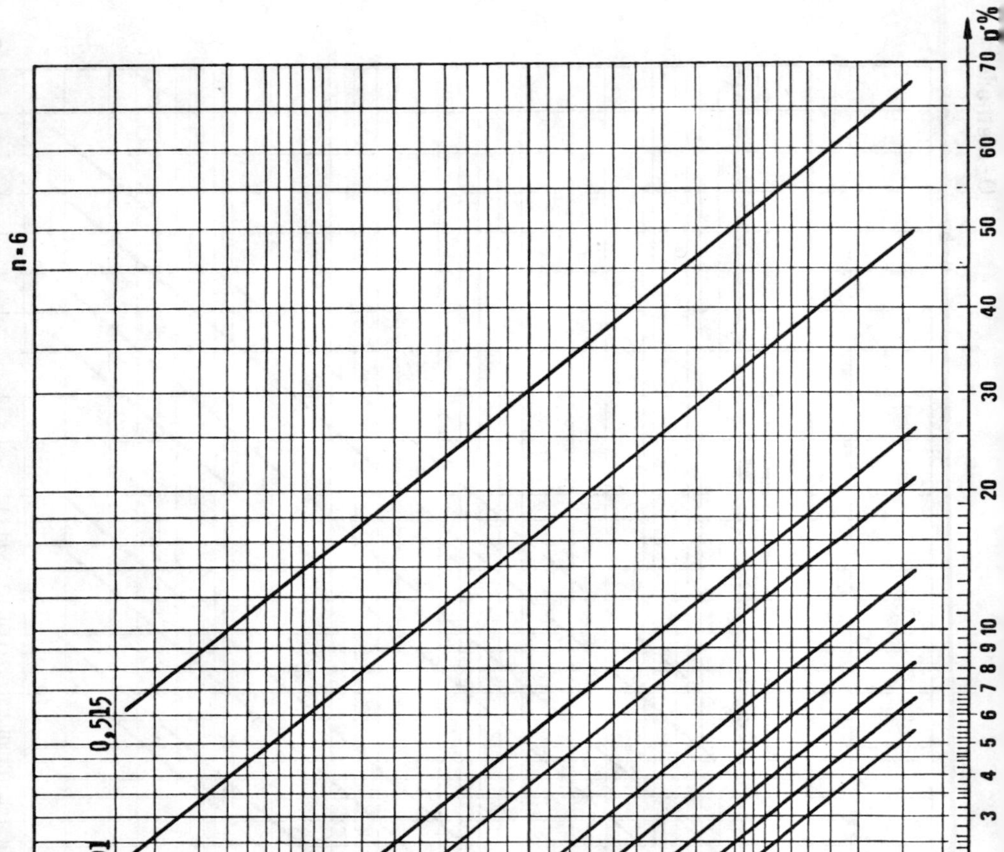
σ- Methode
n = 6
K=
2,08
1,78
1,62
0,991
0,515
2,23
2,37
2,49
2,59
L %
99,5
99
95
90
80
70
60
50
40
30
20
10
5
1
0,5
p %
0,05
0,1
0,2
0,5
1
2
3
4
5
6
7
8
9
10
20
30
40
50
60
70

σ- Methode

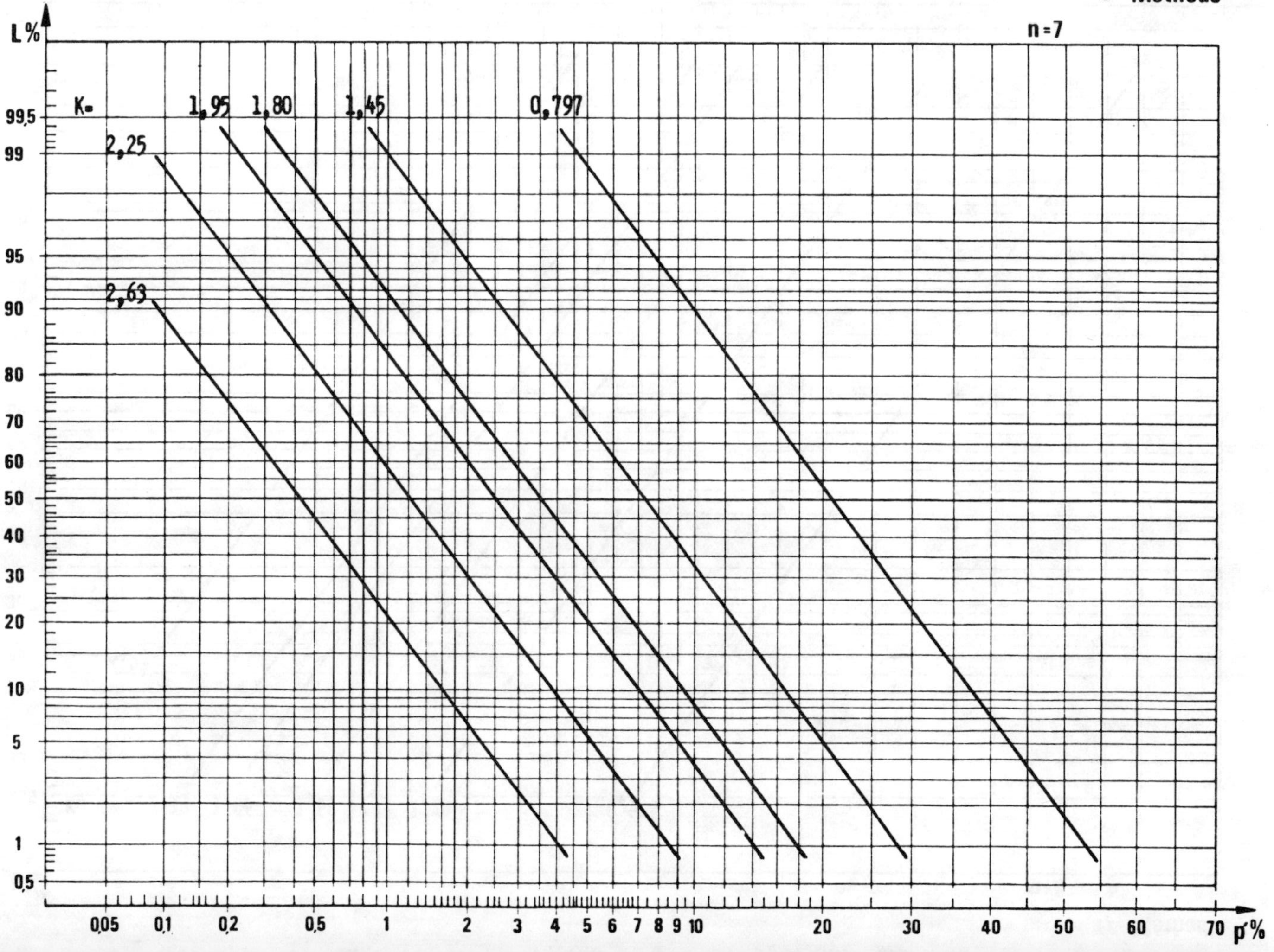
n = 7
L %
K=
2,25
1,95
1,80
1,45
0,797
2,63
99,5
99
95
90
80
70
60
50
40
30
20
10
5
1
0,5
0,05
0,1
0,2
0,5
1
2
3
4
5
6
7
8
9
10
20
30
40
50
60
70
p'%

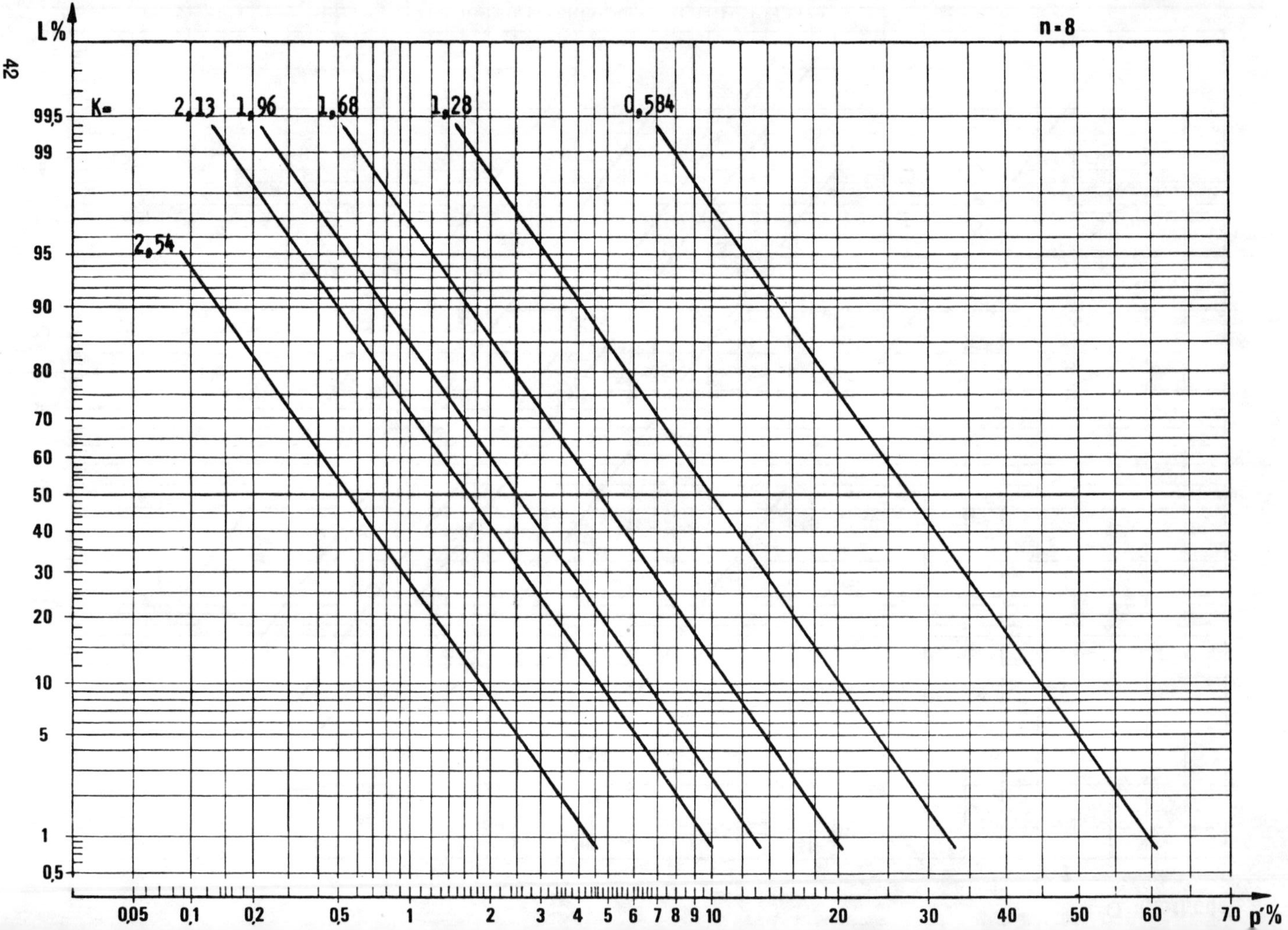
n = 8
L %
K =
2,13
1,96
1,68
1,28
0,584
2,54
99,5
99
95
90
80
70
60
50
40
30
20
10
5
1
0,5
0,05
0,1
0,2
0,5
1
2
3
4
5
6
7
8
9
10
20
30
40
50
60
70
p'%

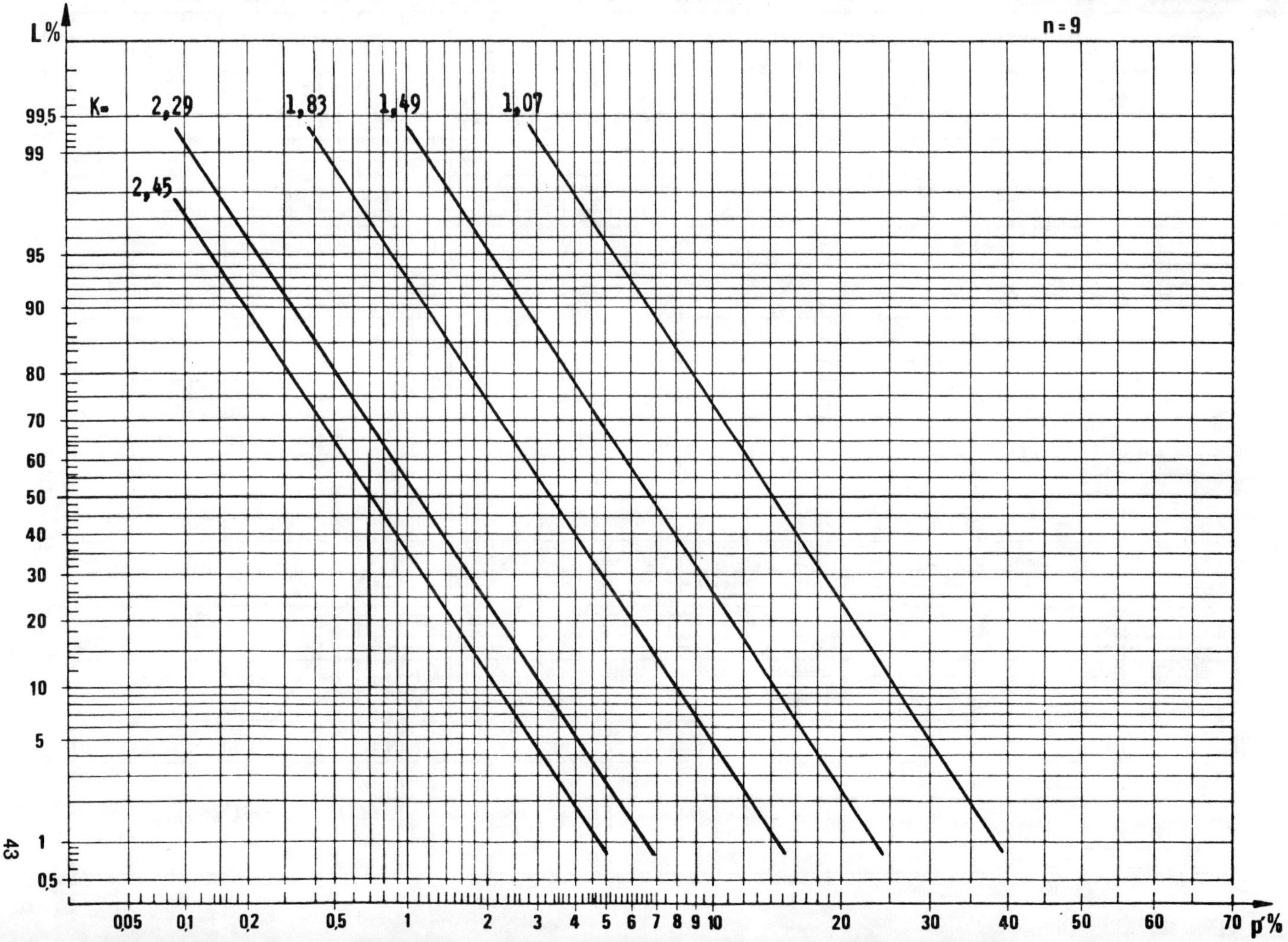
n = 9
L %
K=
2,29
1,83
1,49
1,07
2,45
99,5
99
95
90
80
70
60
50
40
30
20
10
5
1
0,5
0,05
0,1
0,2
0,5
1
2
3
4
5
6
7
8
9
10
20
30
40
50
60
70
p %

σ - Methode

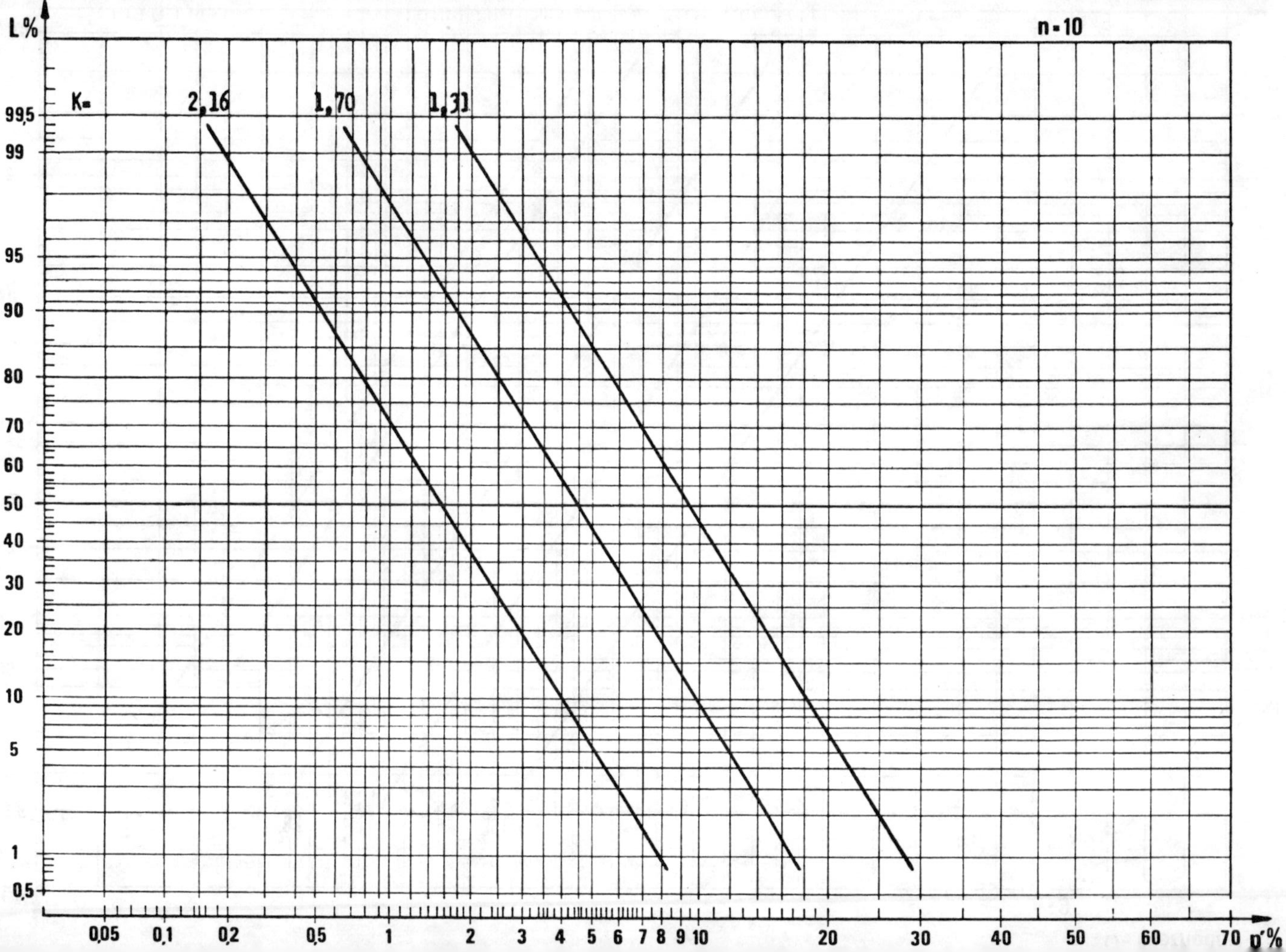
n = 10
L %
K =
2,16
1,70
1,31
99,5
99
95
90
80
70
60
50
40
30
20
10
5
1
0,5
0,05
0,1
0,2
0,5
1
2
3
4
5
6
7
8
9
10
20
30
40
50
60
70
p'%

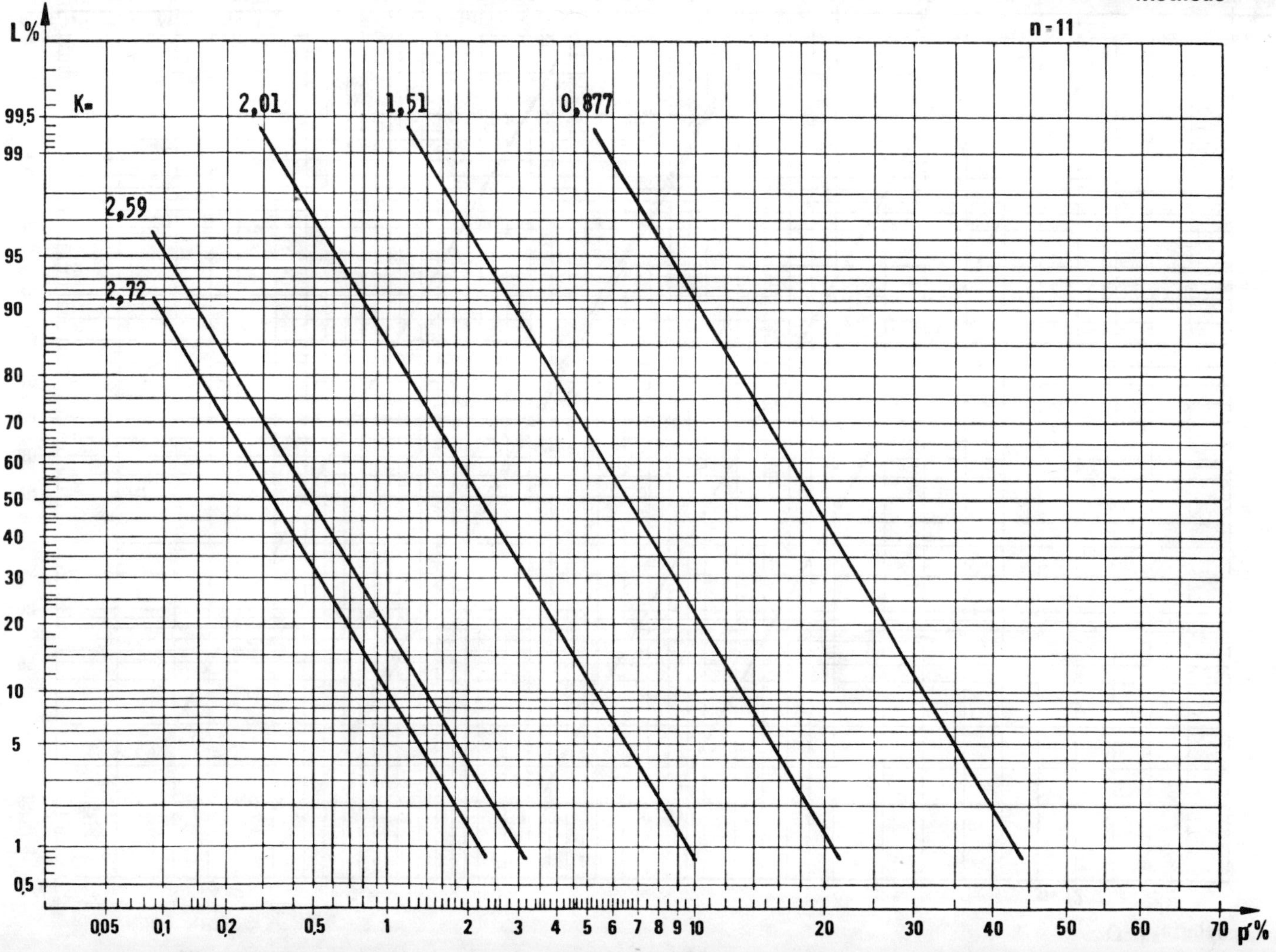
n = 11
L %
K =
2,01
1,51
0,877
2,59
2,72
99,5
99
95
90
80
70
60
50
40
30
20
10
5
1
0,5
0,05
0,1
0,2
0,5
1
2
3
4
5
6
7
8
9
10
20
30
40
50
60
70
p%

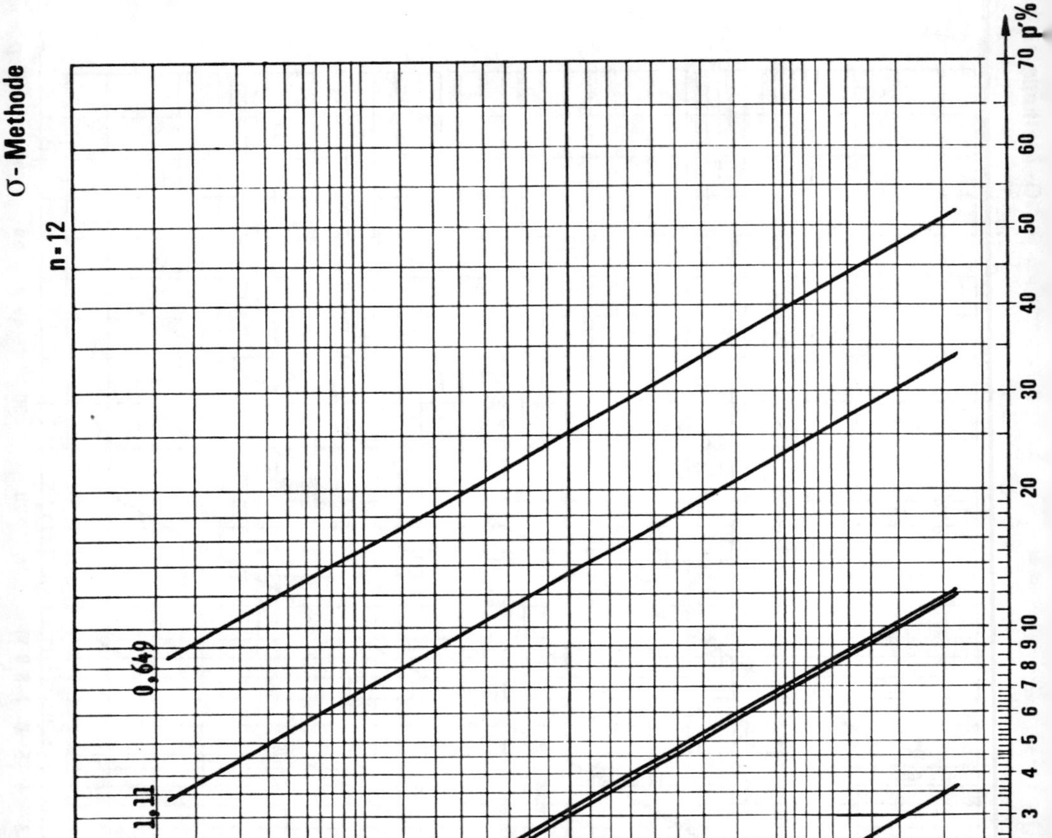
σ - Methode
n = 12
K =
2,49
1,88
1,86
1,11
0,649
L %
99,5
99
95
90
80
70
60
50
40
30
20
10
5
1
0,5
p %
0,05
0,1
0,2
0,5
1
2
3
4
5
6
7
8
9
10
20
30
40
50
60
70

σ - Methode

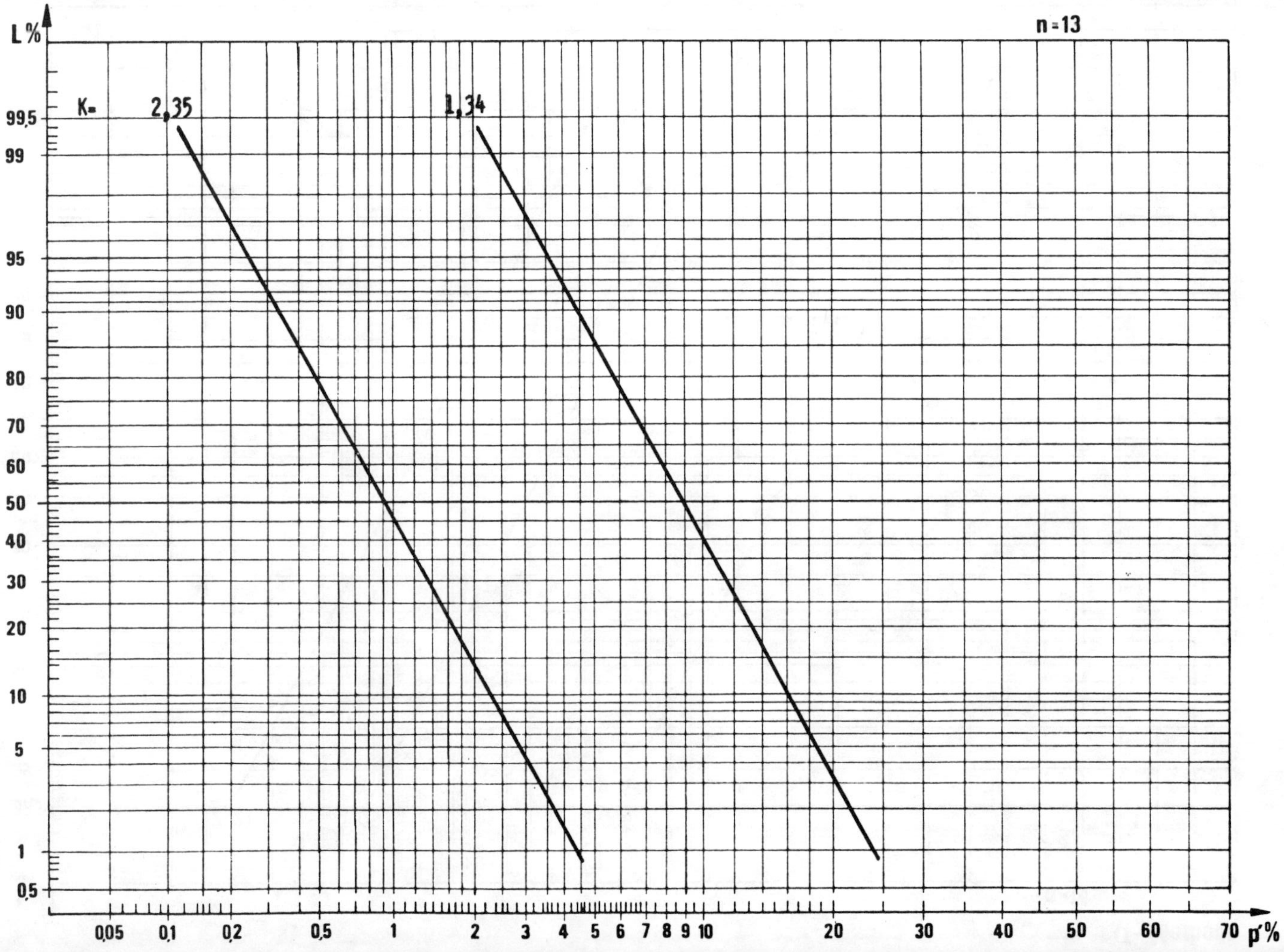

n = 13
L %
K=
2,35
1,34
99,5
99
95
90
80
70
60
50
40
30
20
10
5
1
0,5
0,05
0,1
0,2
0,5
1
2
3
4
5
6
7
8
9
10
20
30
40
50
60
70
p%

σ - Methode

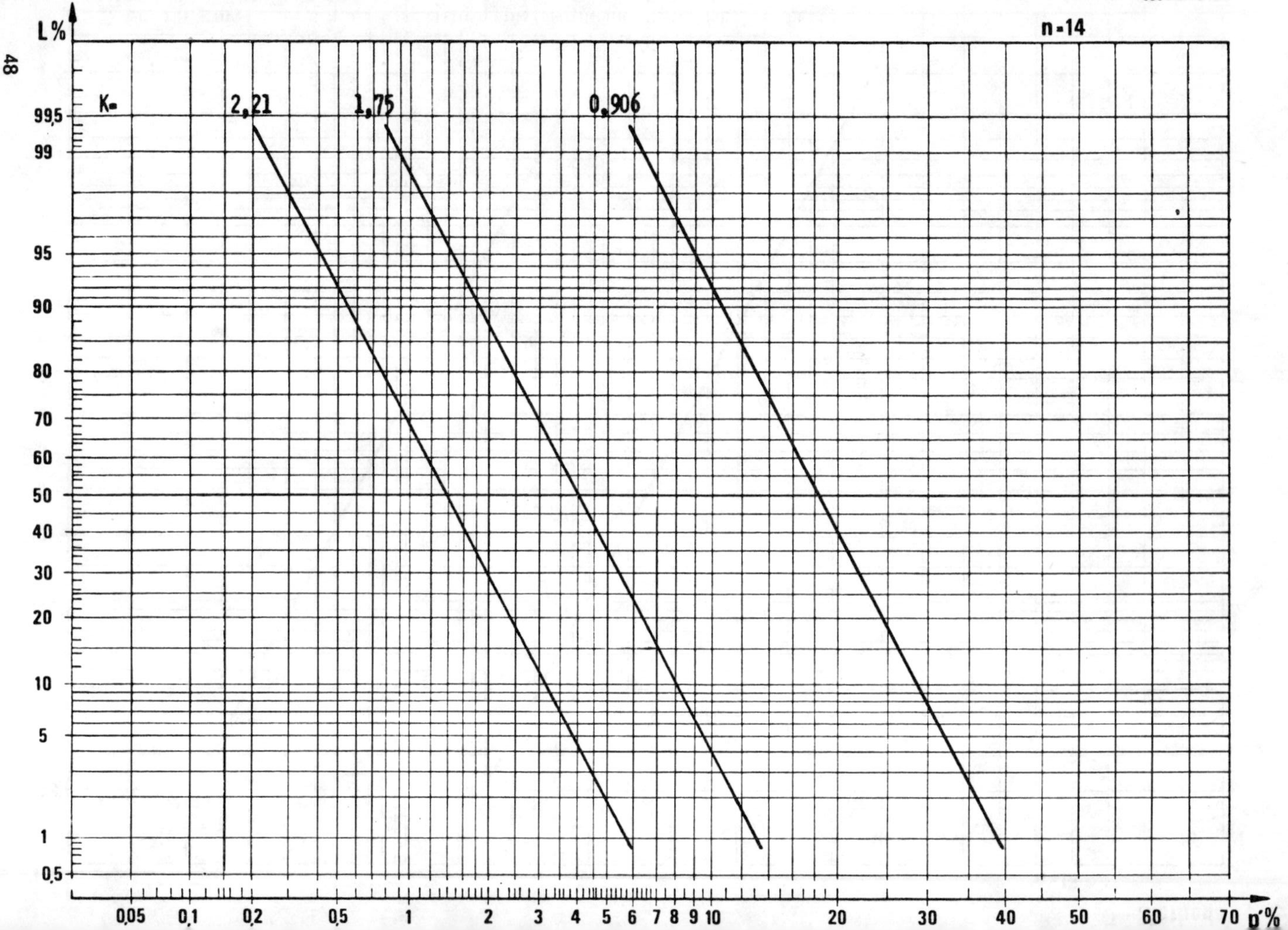

n=14
L %
K=
2,21
1,75
0,906
99,5
99
95
90
80
70
60
50
40
30
20
10
5
1
0,5
0,05
0,1
0,2
0,5
1
2
3
4
5
6
7
8
9
10
20
30
40
50
60
70
p'%

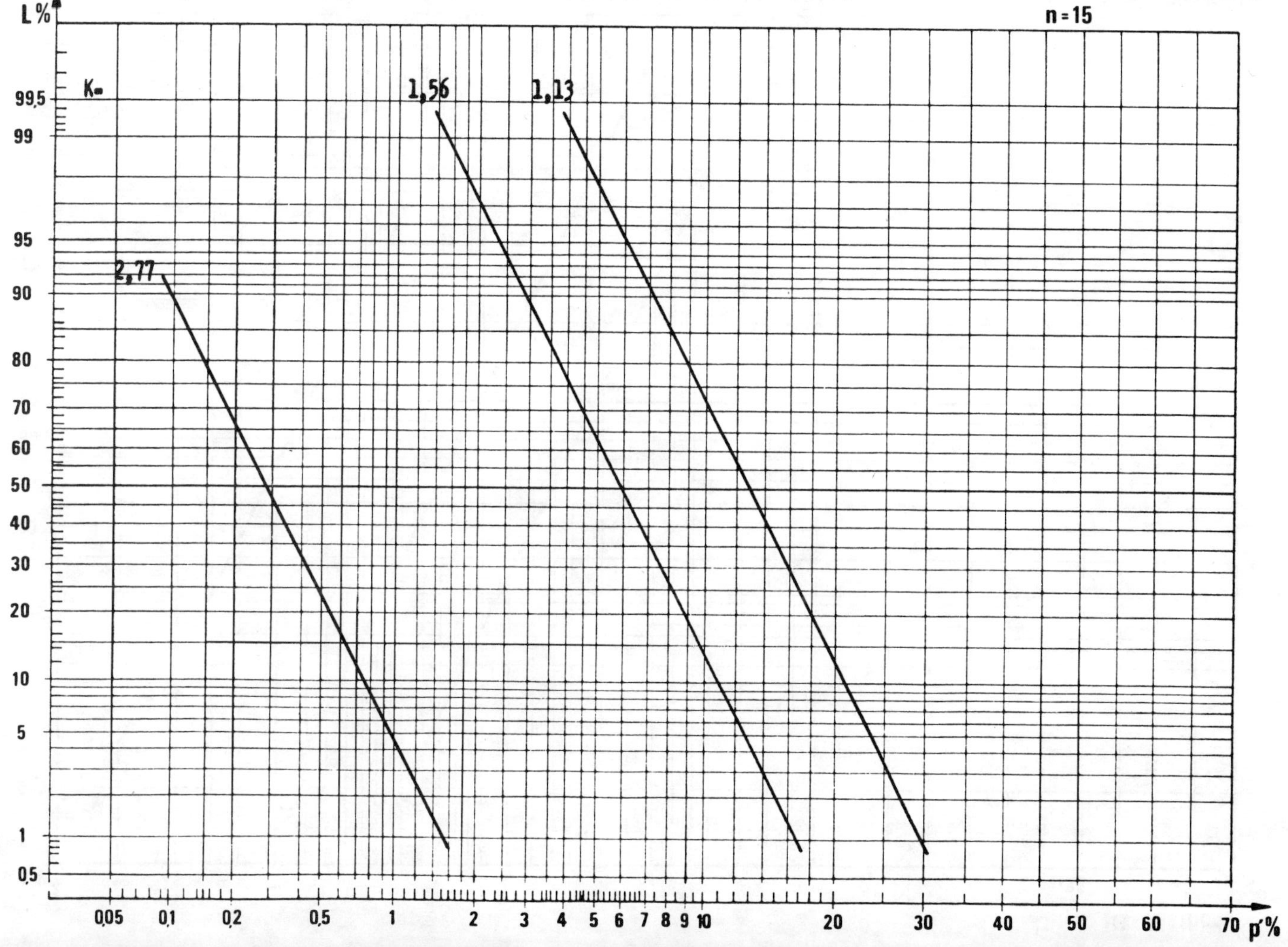
n = 15
L %
K=
1,56
1,13
2,77
99,5
99
95
90
80
70
60
50
40
30
20
10
5
1
0,5
0,05
0,1
0,2
0,5
1
2
3
4
5
6
7
8
9
10
20
30
40
50
60
70
p'%

σ- Methode

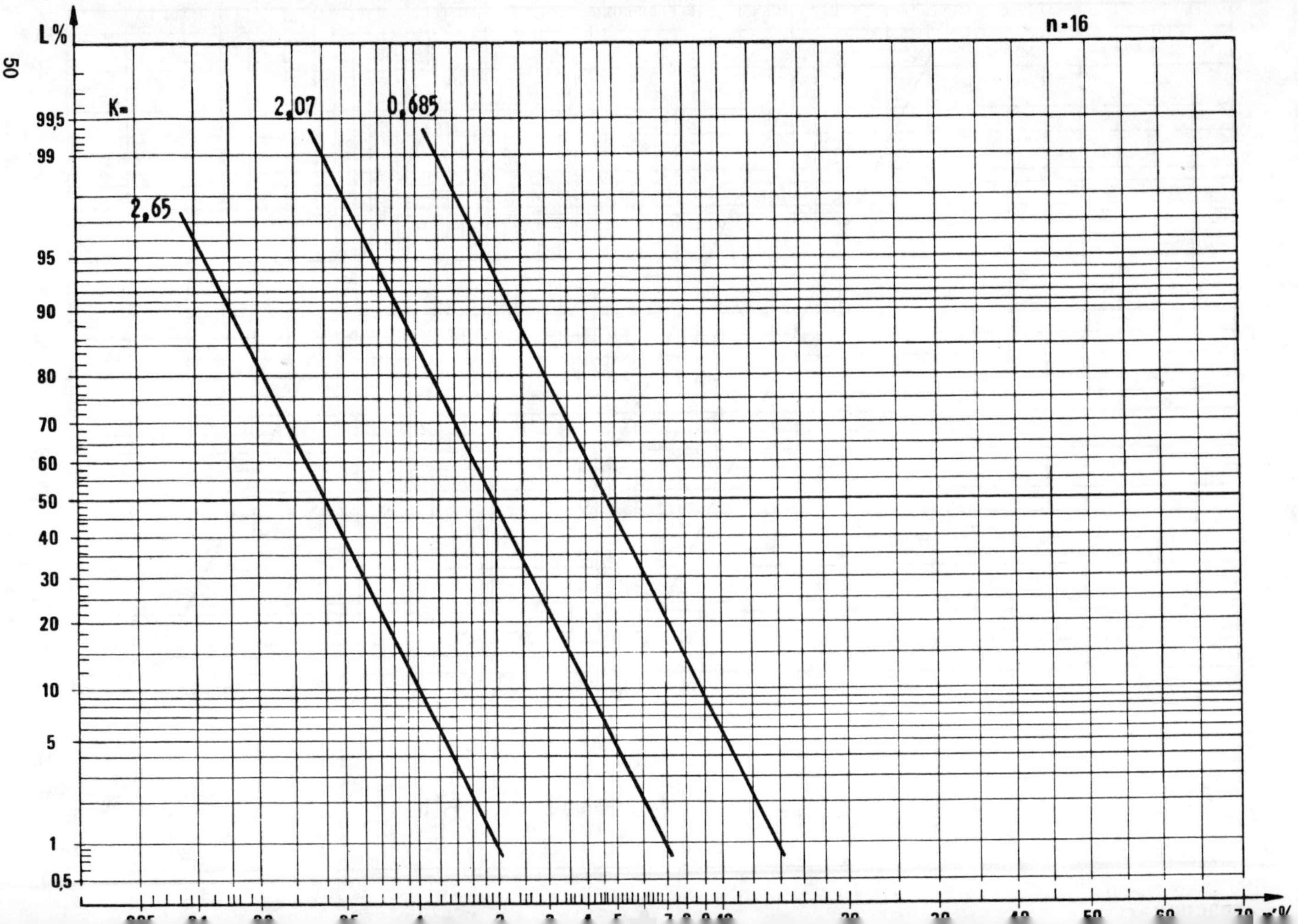

Methode

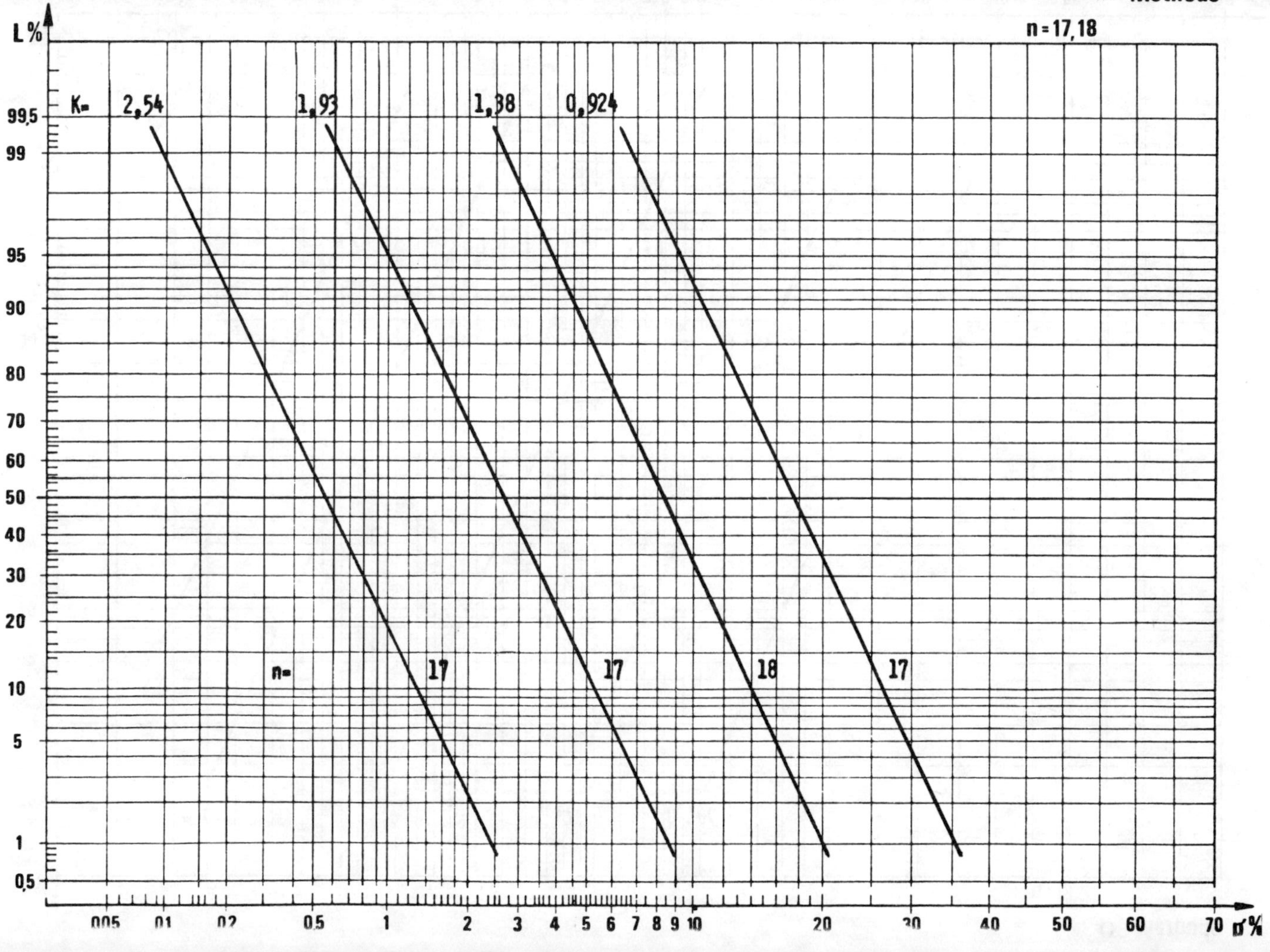

n = 17,18
L %
K= 2,54 1,93 1,38 0,924
n= 17 17 18 17
99,5
99
95
90
80
70
60
50
40
30
20
10
5
1
0,5
005
01
02
0.5
1
2
3
4
5
6
7
8
9
10
20
30
40
50
60
70
p %

σ - Methode

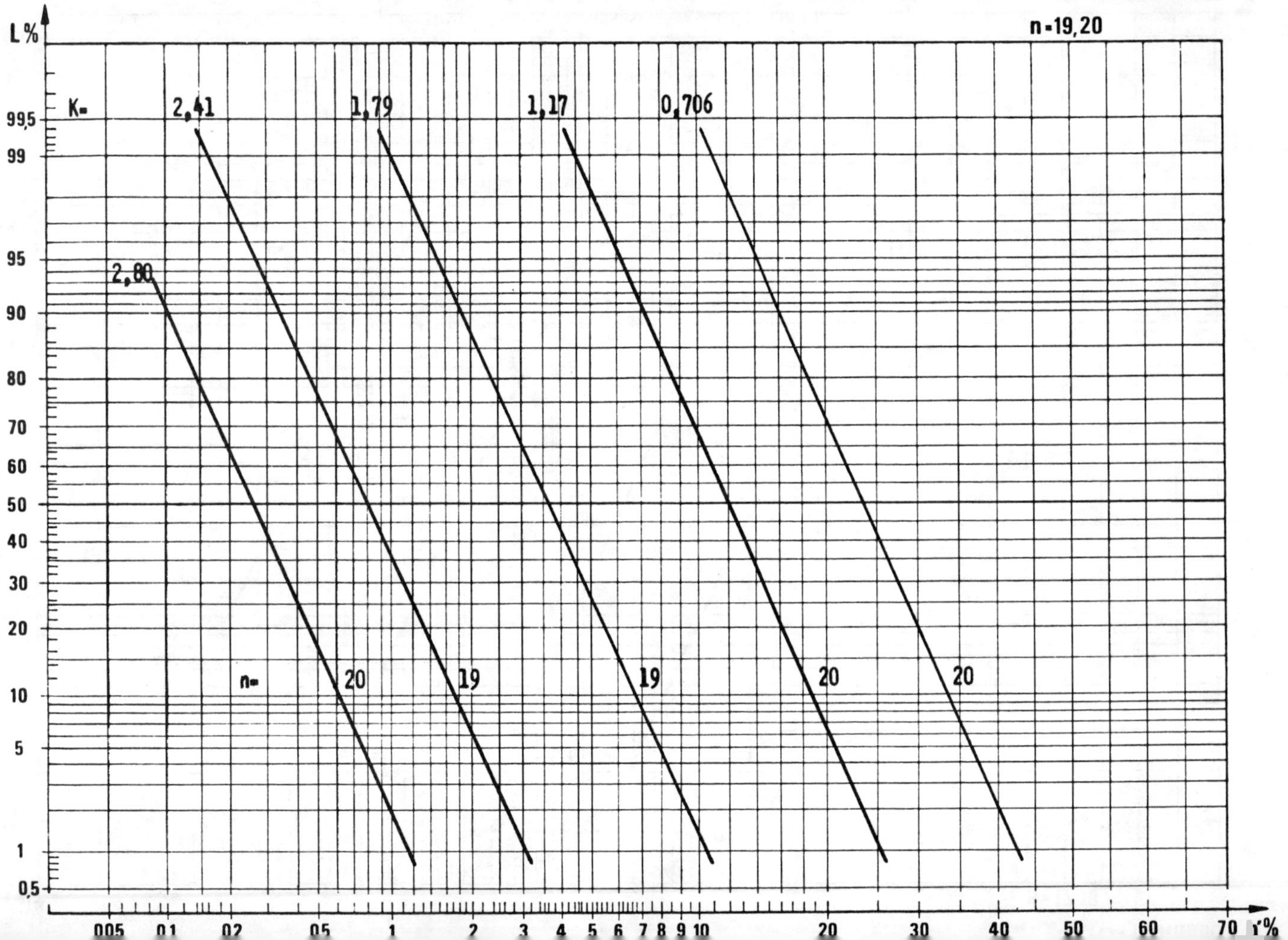

n=19,20
L %
K=
2,80
2,41
1,79
1,17
0,706
n=
20
19
19
20
20
99,5
99
95
90
80
70
60
50
40
30
20
10
5
1
0,5
0,05
0,1
0,2
0,5
1
2
3
4
5
6
7
8
9
10
20
30
40
50
60
70
r%

n = 21,22

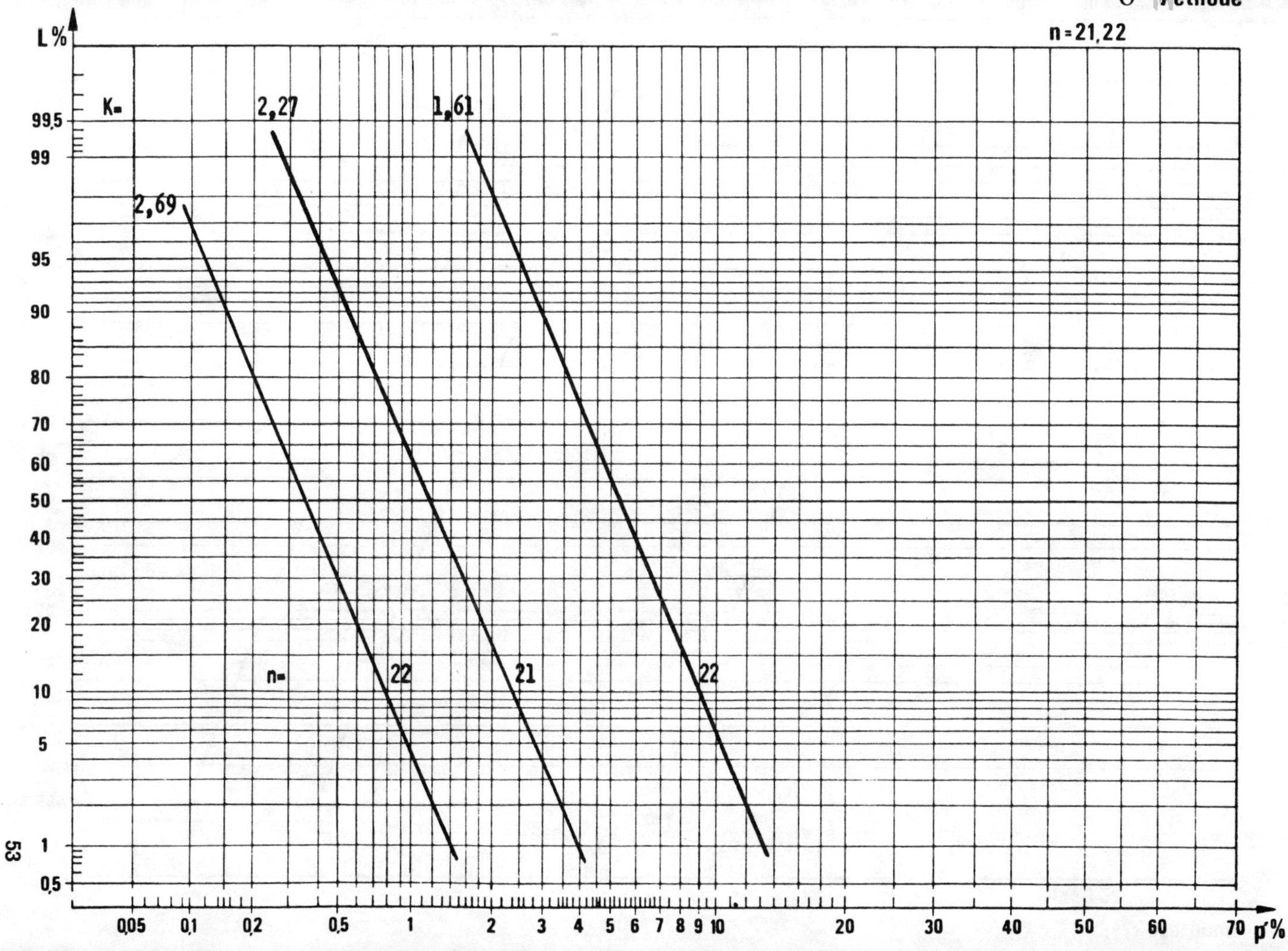

L %
K=
2,69
2,27
1,61
99,5
99
95
90
80
70
60
50
40
30
20
10
5
1
0,5
n=
22
21
22
0,05
0,1
0,2
0,5
1
2
3
4
5
6
7
8
9
10
20
30
40
50
60
70
p%

O - Methode

n=23,24

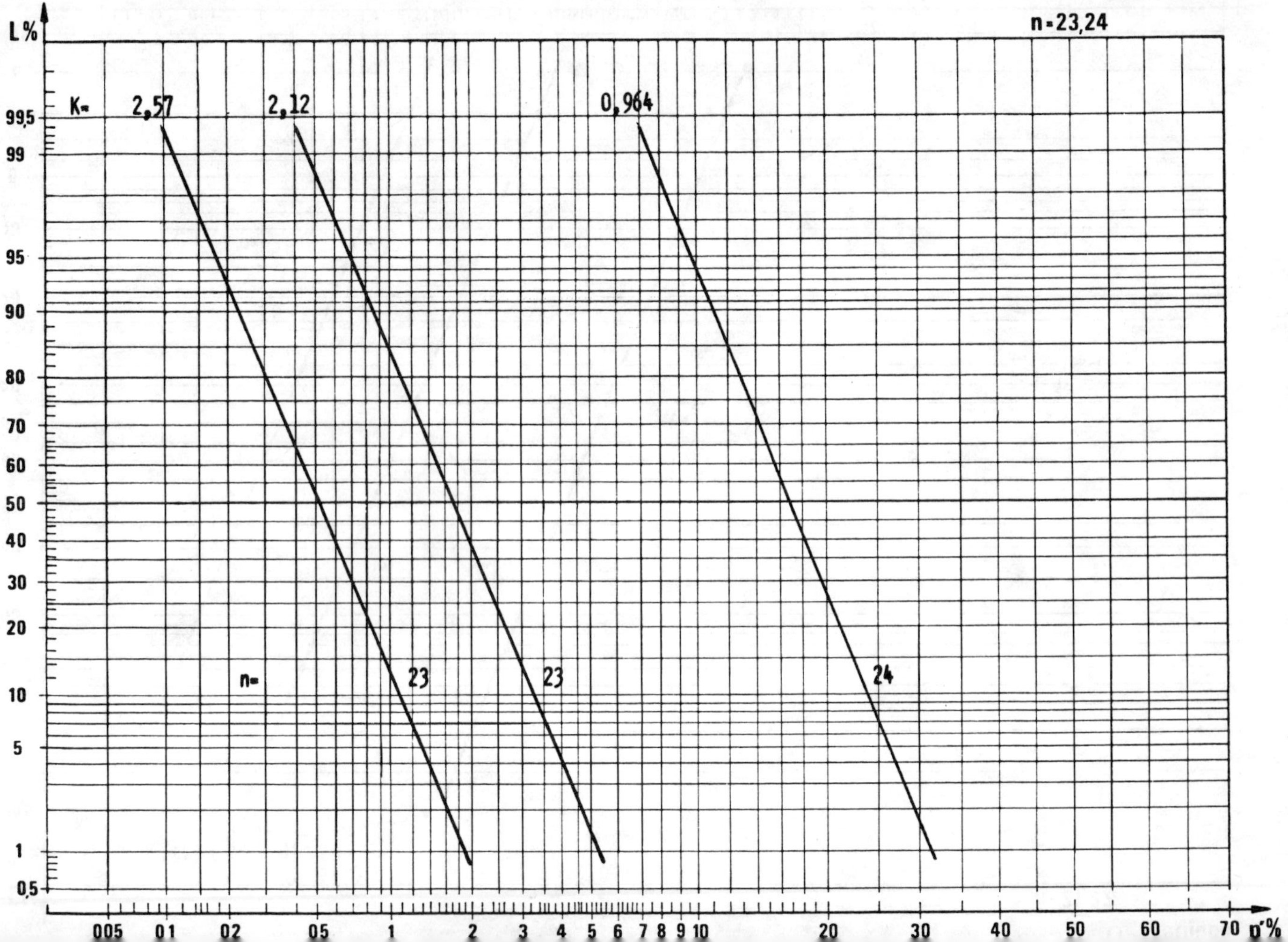

σ- Methode

n = 25,27,28

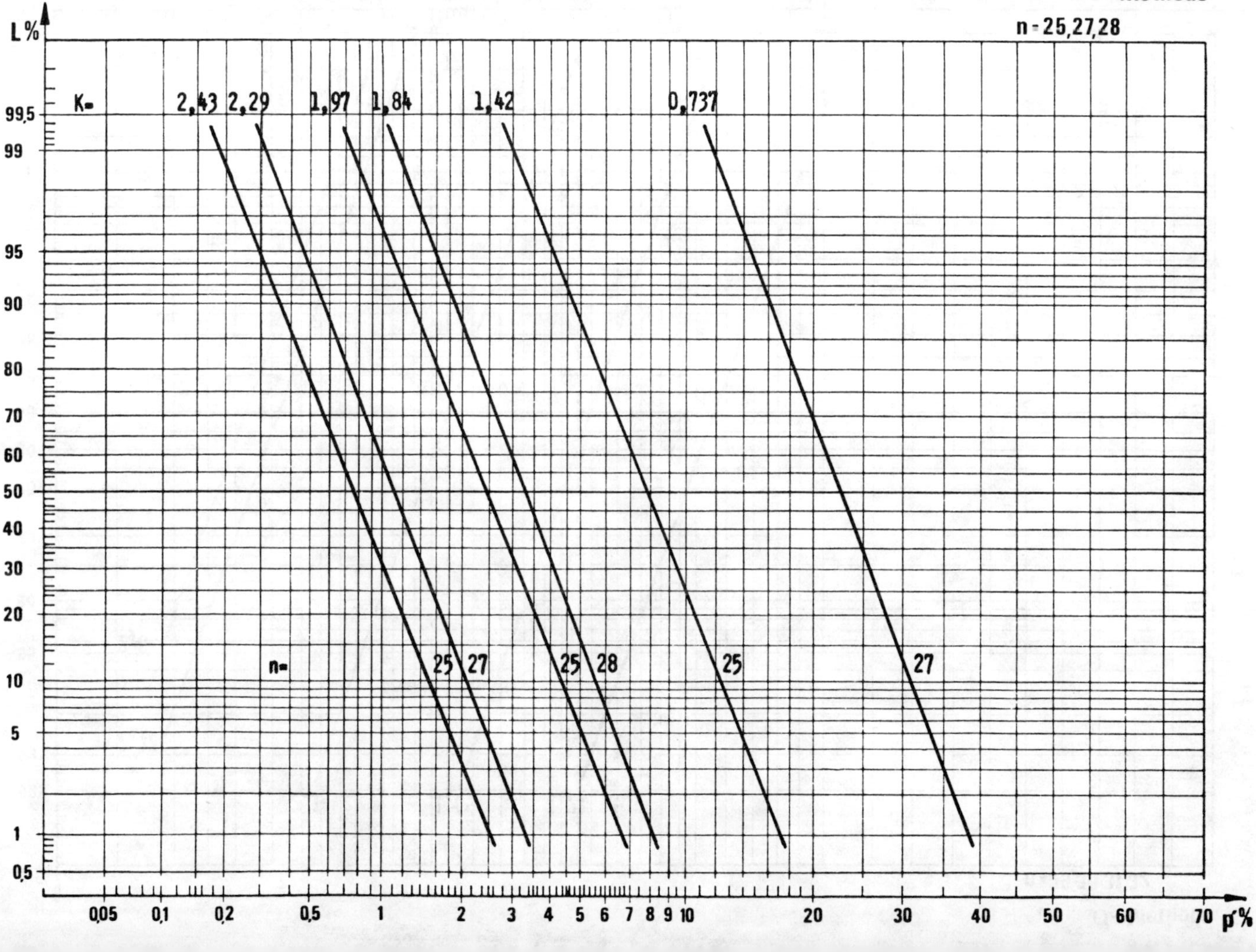

σ- Methode

n = 29,30,31,32

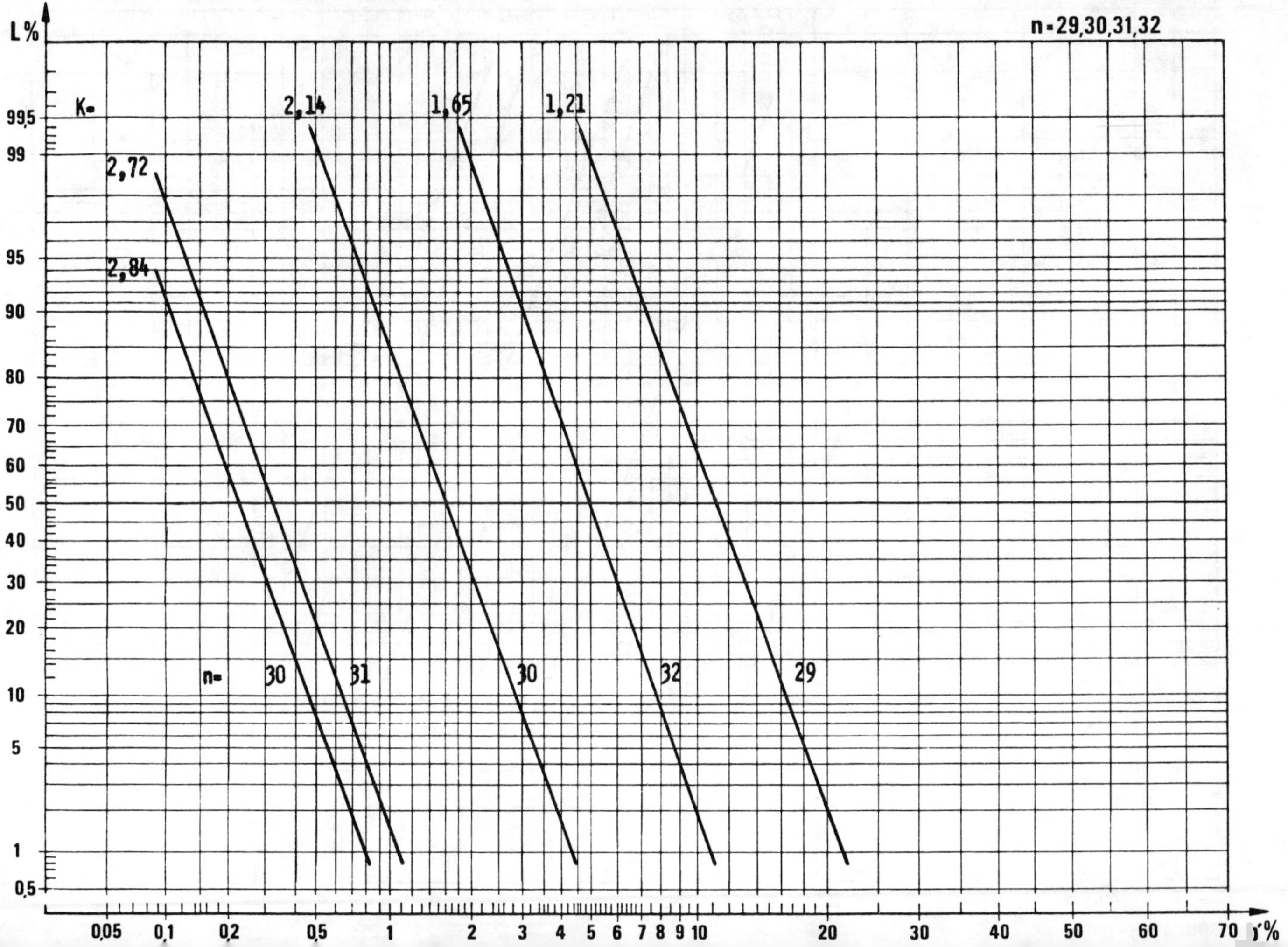

σ - Methode

n = 33,34,36,37,38

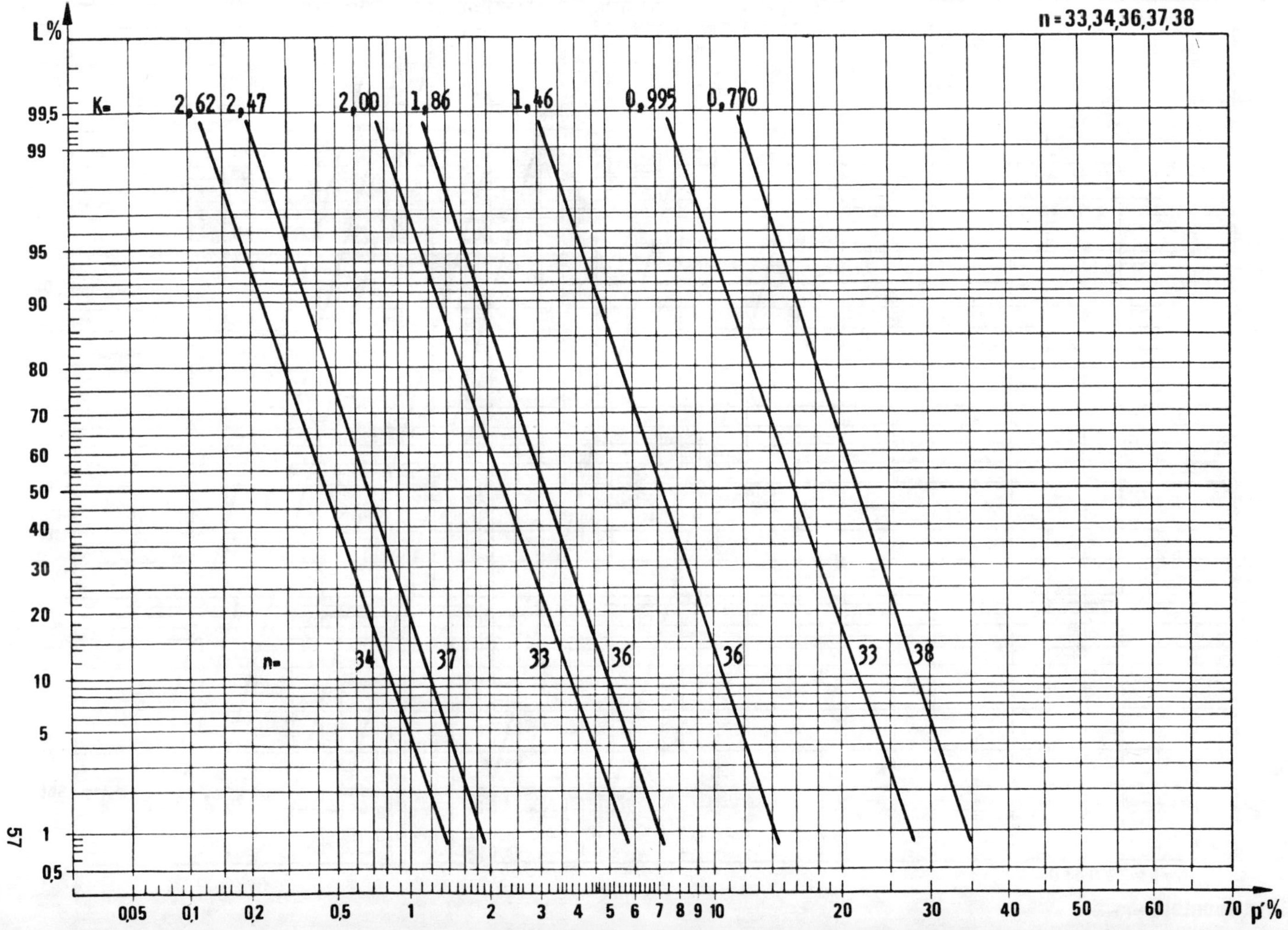

σ - Methode

n = 40,42,44,45

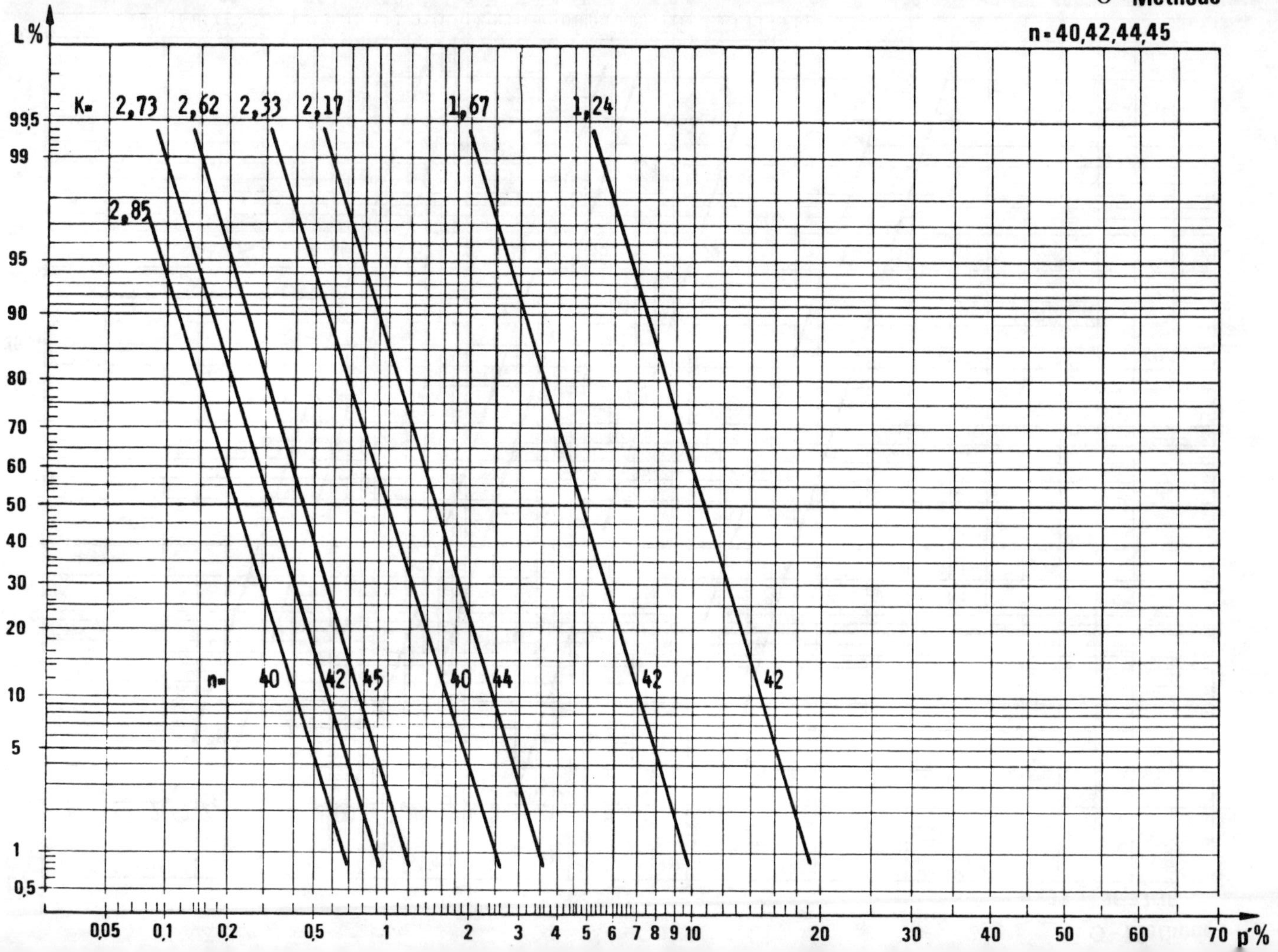

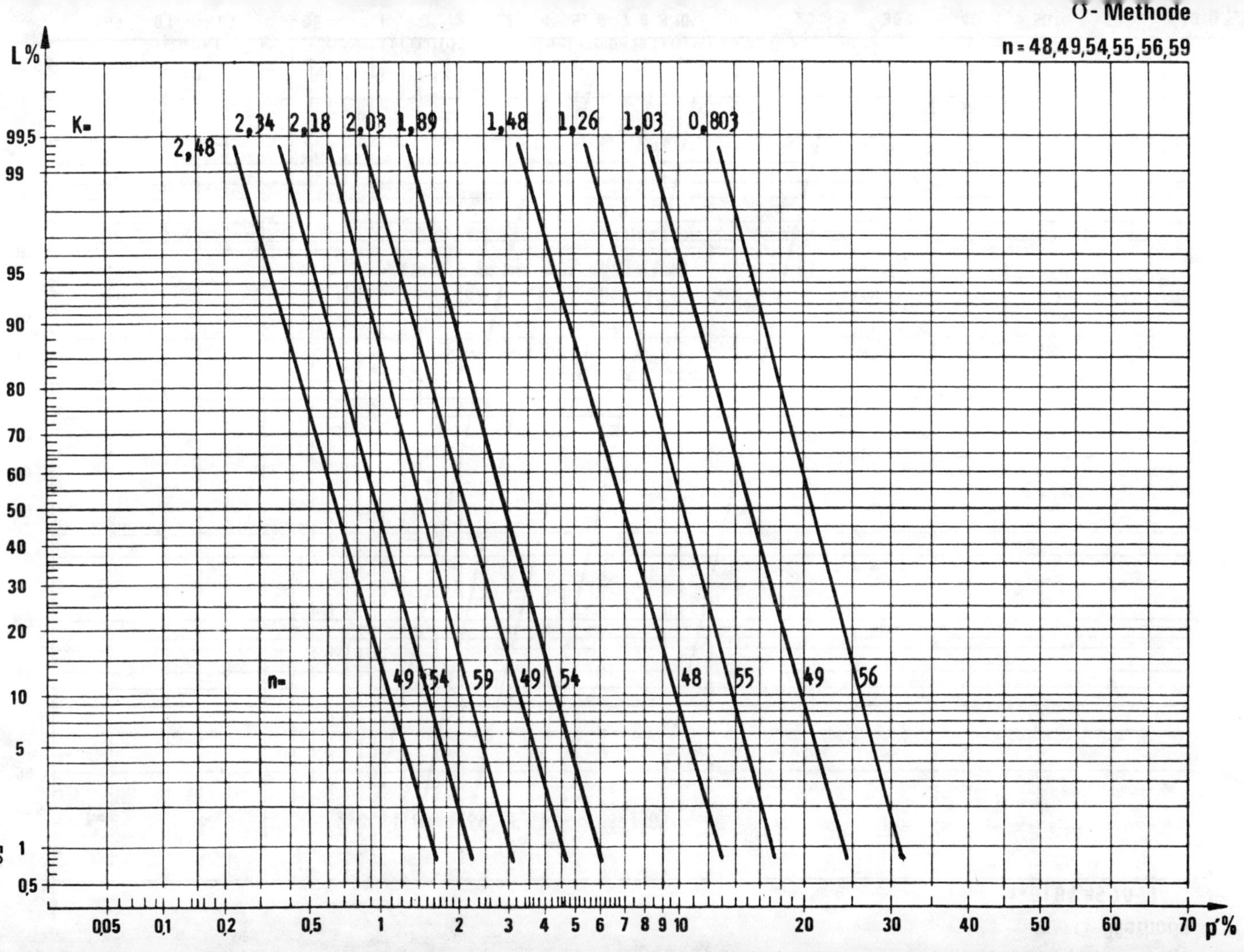
O- Methode
n = 48,49,54,55,56,59
L %
K=
2,48
2,34
2,18
2,03
1,89
1,48
1,26
1,03
0,803
n=
49
54
59
49
54
48
55
49
56
99,5
99
95
90
80
70
60
50
40
30
20
10
5
1
0,5
0,05
0,1
0,2
0,5
1
2
3
4
5
6
7
8
9
10
20
30
40
50
60
70
p'%

σ- Methode

n = 61,64,65,70,71

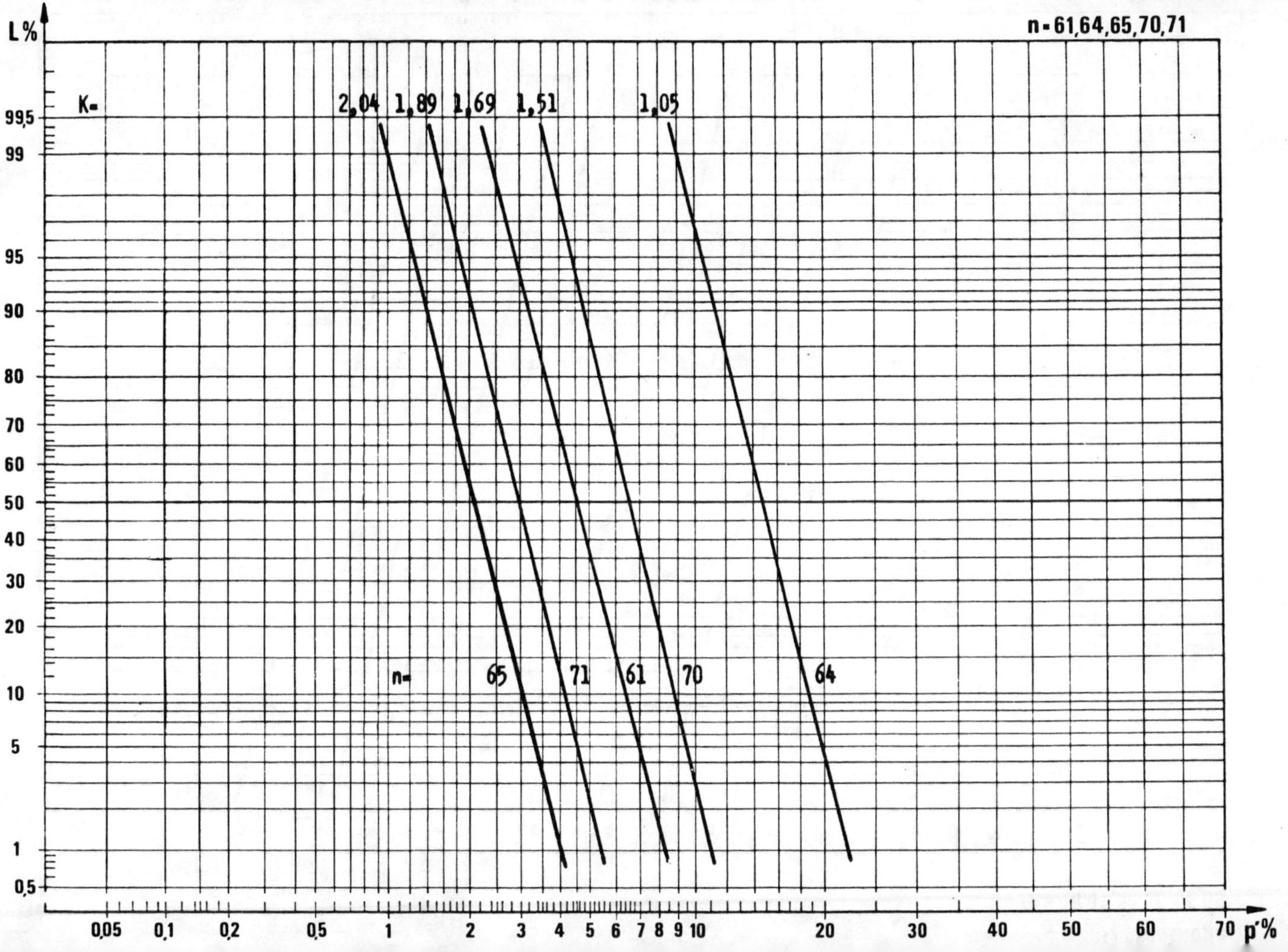

σ - Methode

n = 81,82,93,95

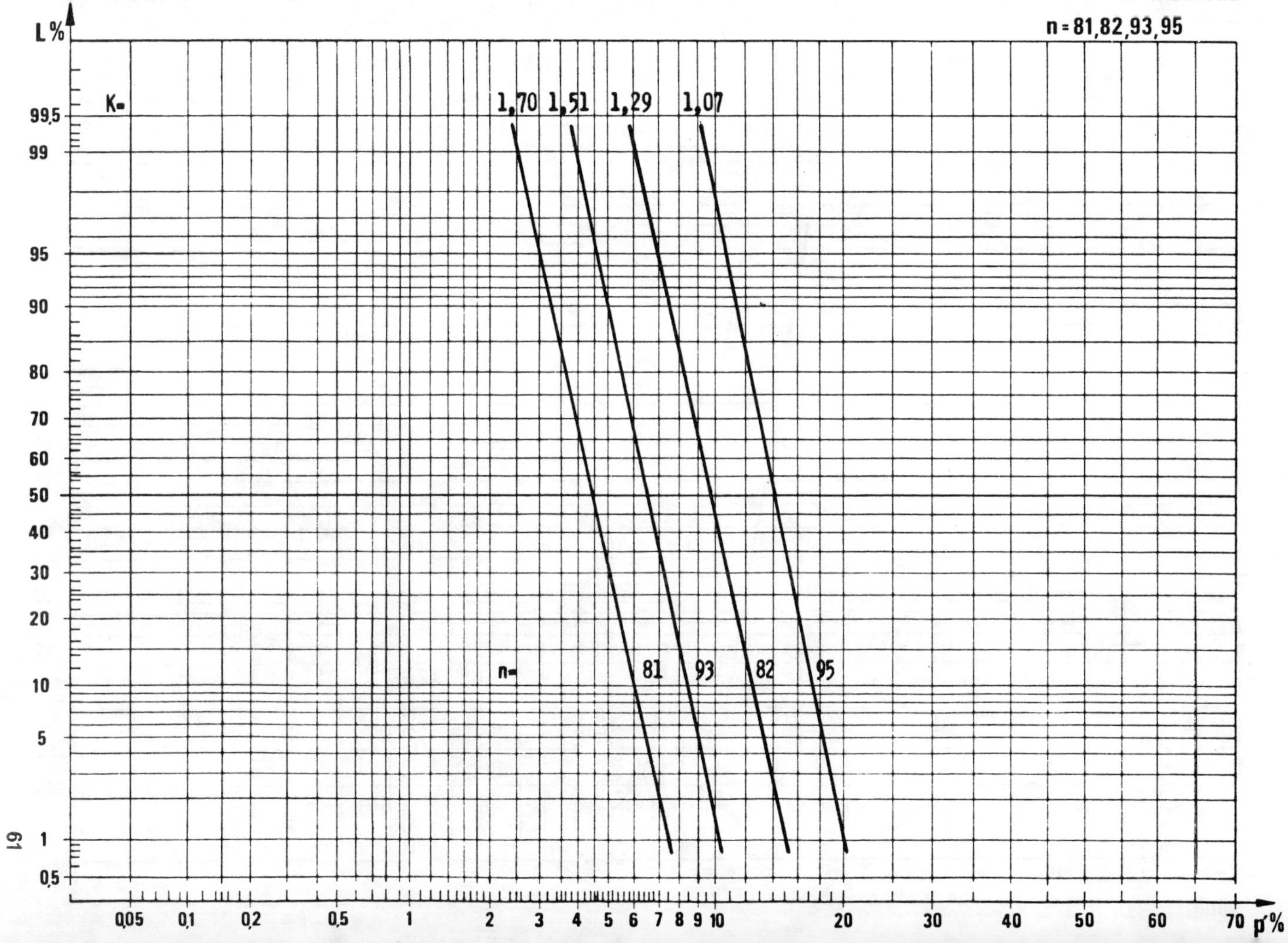

σ- Methode

n=109,127

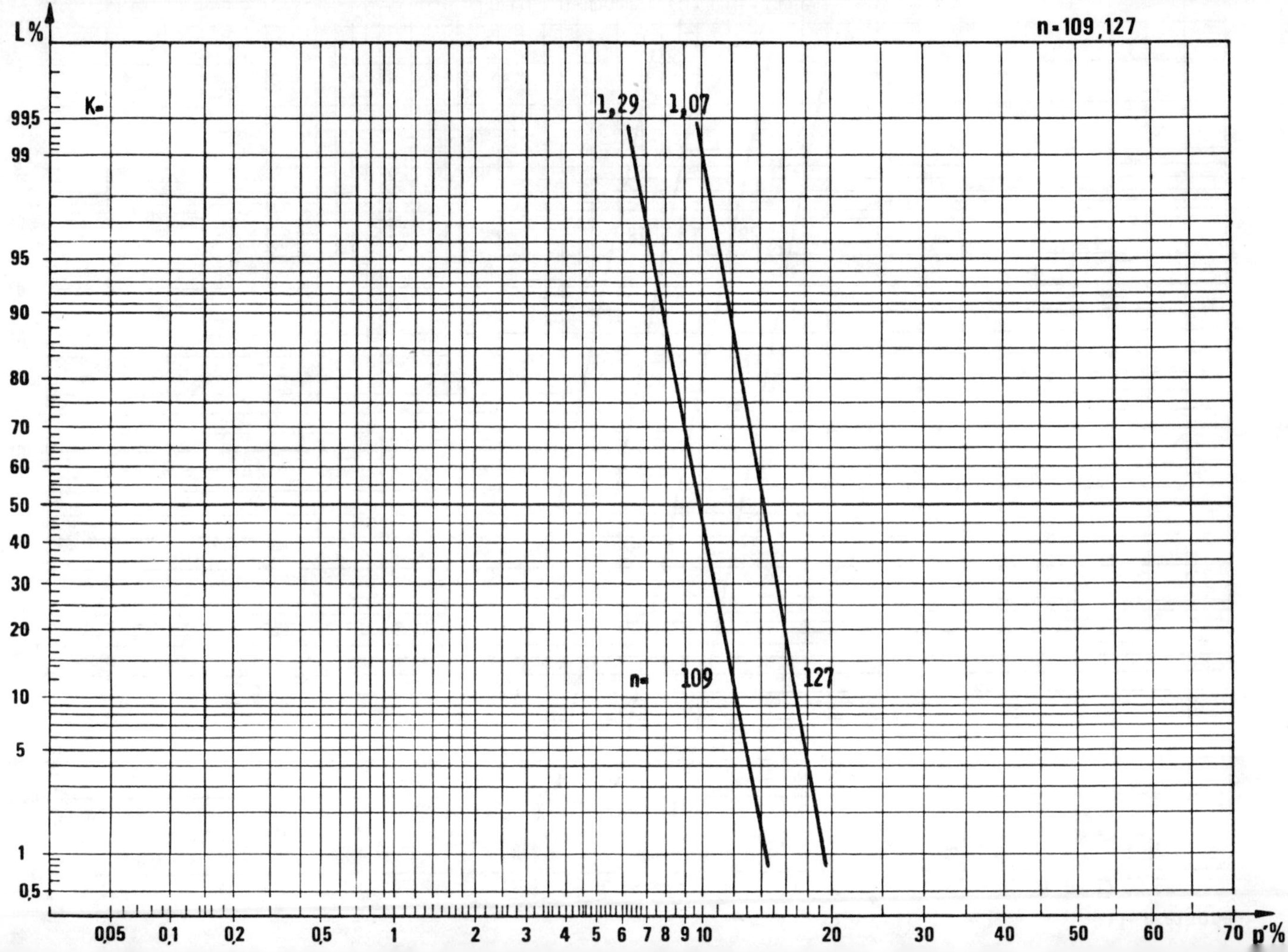

s - Methode

n = 3

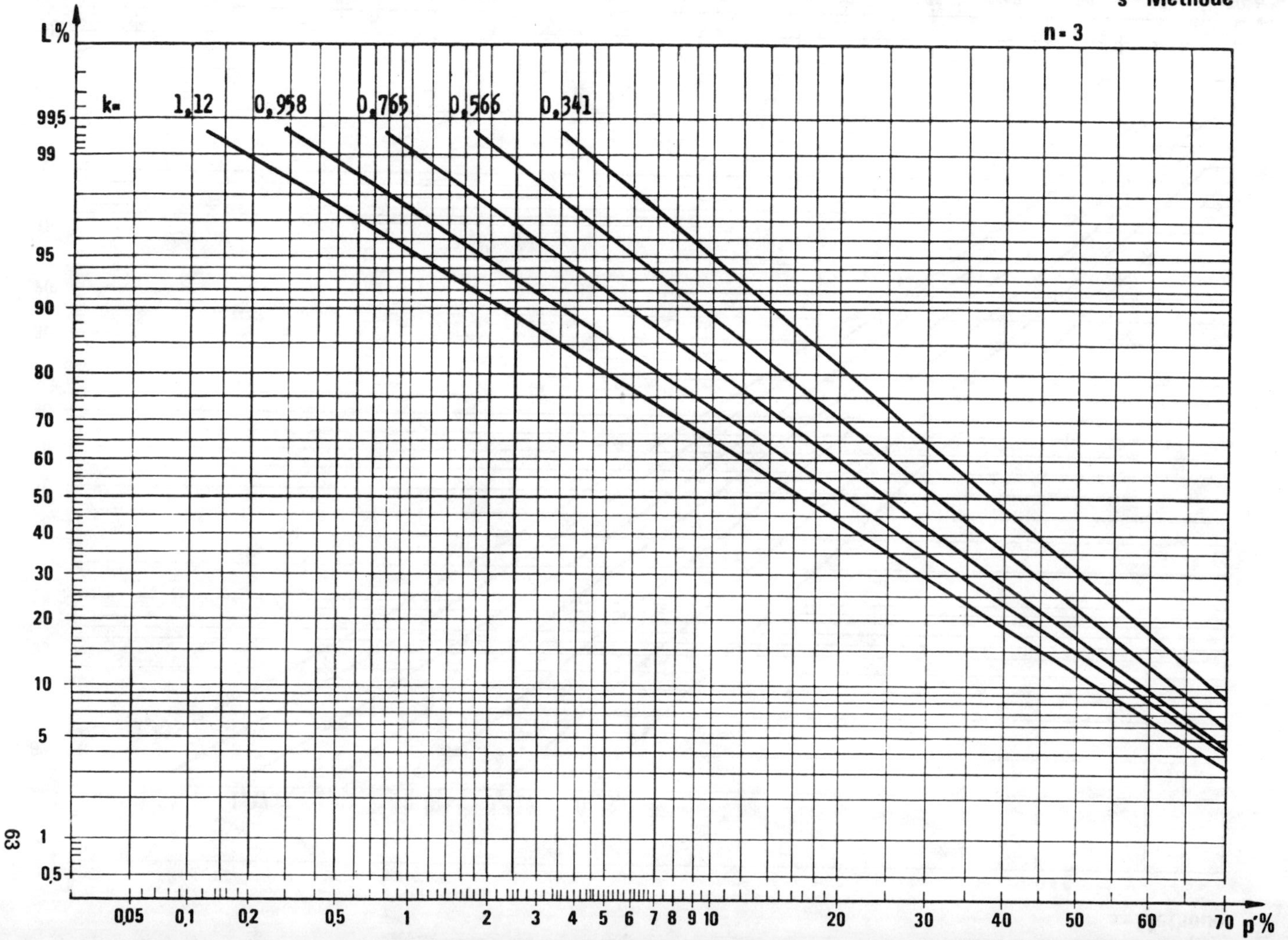
L %
k=
1,12
0,958
0,765
0,566
0,341
99,5
99
95
90
80
70
60
50
40
30
20
10
5
1
0,5
0,05
0,1
0,2
0,5
1
2
3
4
5
6
7
8
9
10
20
30
40
50
60
70
p'%

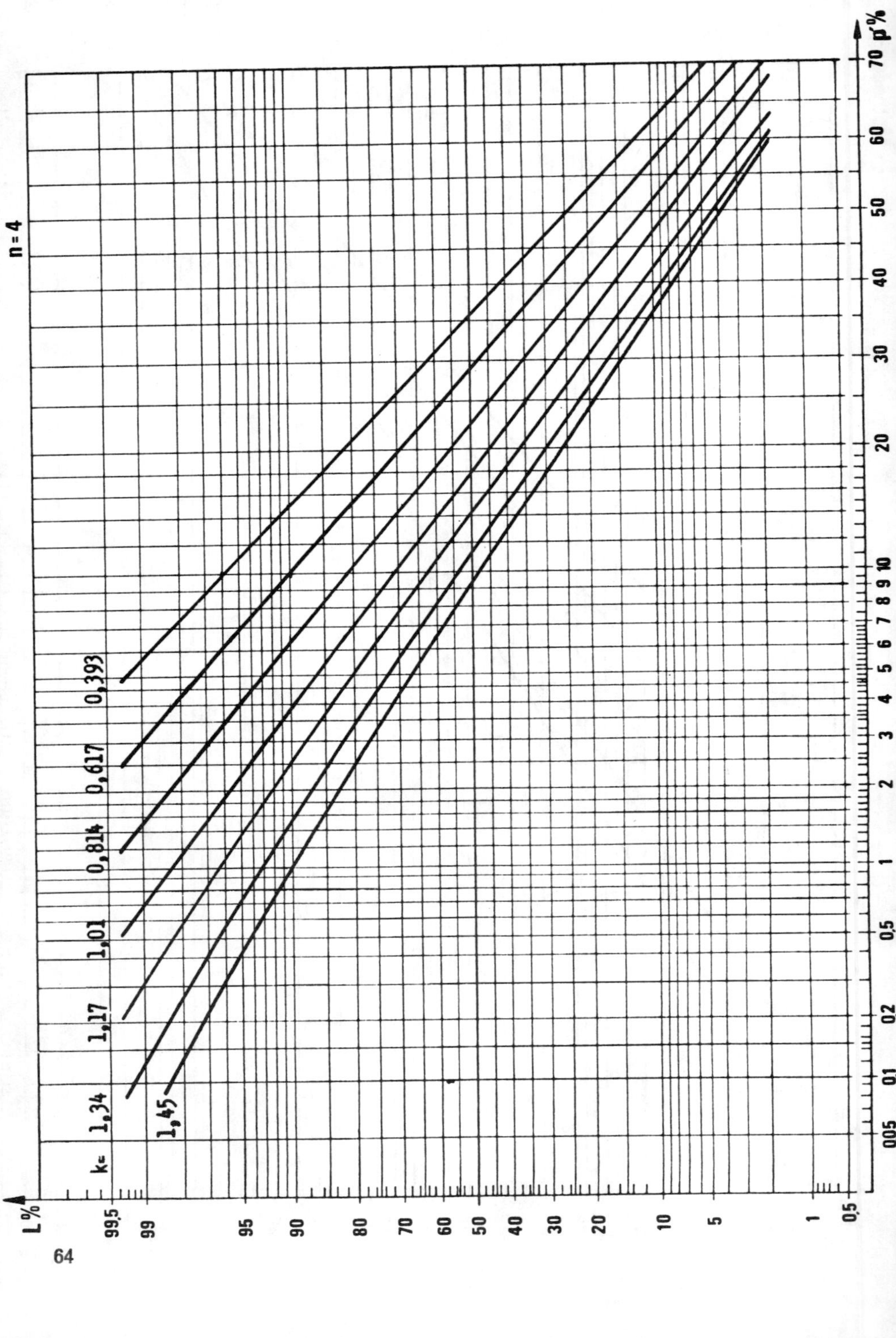
s - Methode
n = 4
k=
1,34
1,45
1,17
1,01
0,814
0,617
0,393
L %
99,5
99
95
90
80
70
60
50
40
30
20
10
5
1
0,5
p'%
0,05
0,1
0,2
0,5
1
2
3
4
5
6
7
8
9
10
20
30
40
50
60
70

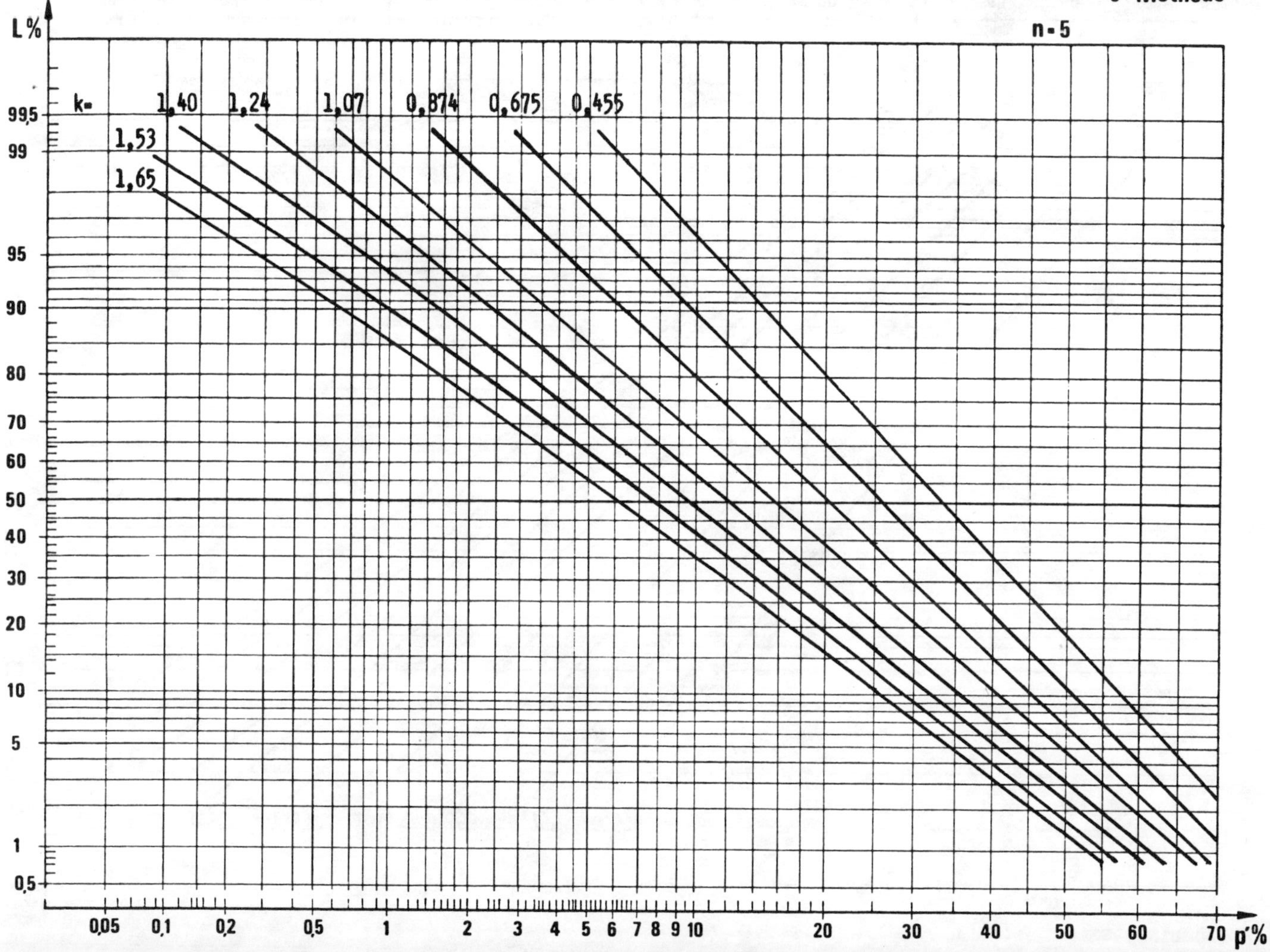
n = 5
L %
k =
1,40
1,24
1,07
0,874
0,675
0,455
1,53
1,65
99,5
99
95
90
80
70
60
50
40
30
20
10
5
1
0,5
0,05
0,1
0,2
0,5
1
2
3
4
5
6
7
8
9
10
20
30
40
50
60
70
p'%

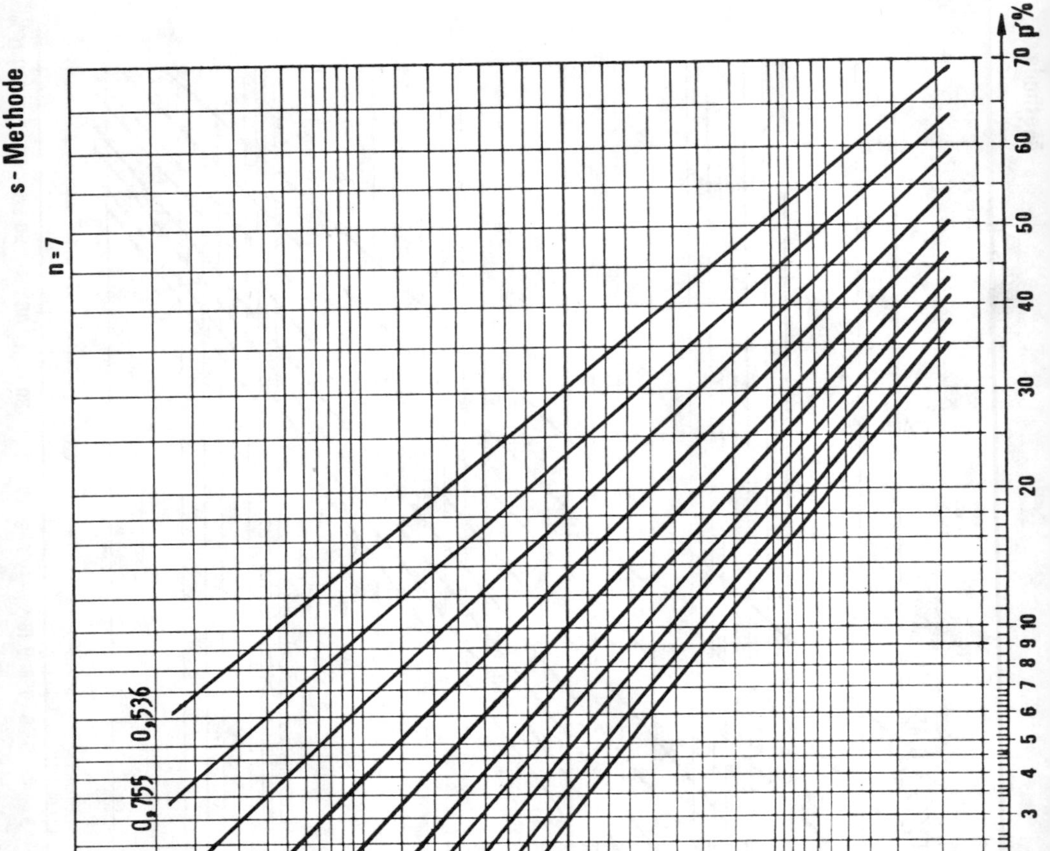

s - Methode
n = 7
k =
0,536
0,755
0,955
1,15
1,33
1,50
1,62
1,75
1,88
2,00
L %
99,5
99
95
90
80
70
60
50
40
30
20
10
5
1
0,5
p %
0,05
0,1
0,2
0,5
1
2
3
4
5
6
7
8
9
10
20
30
40
50
60
70

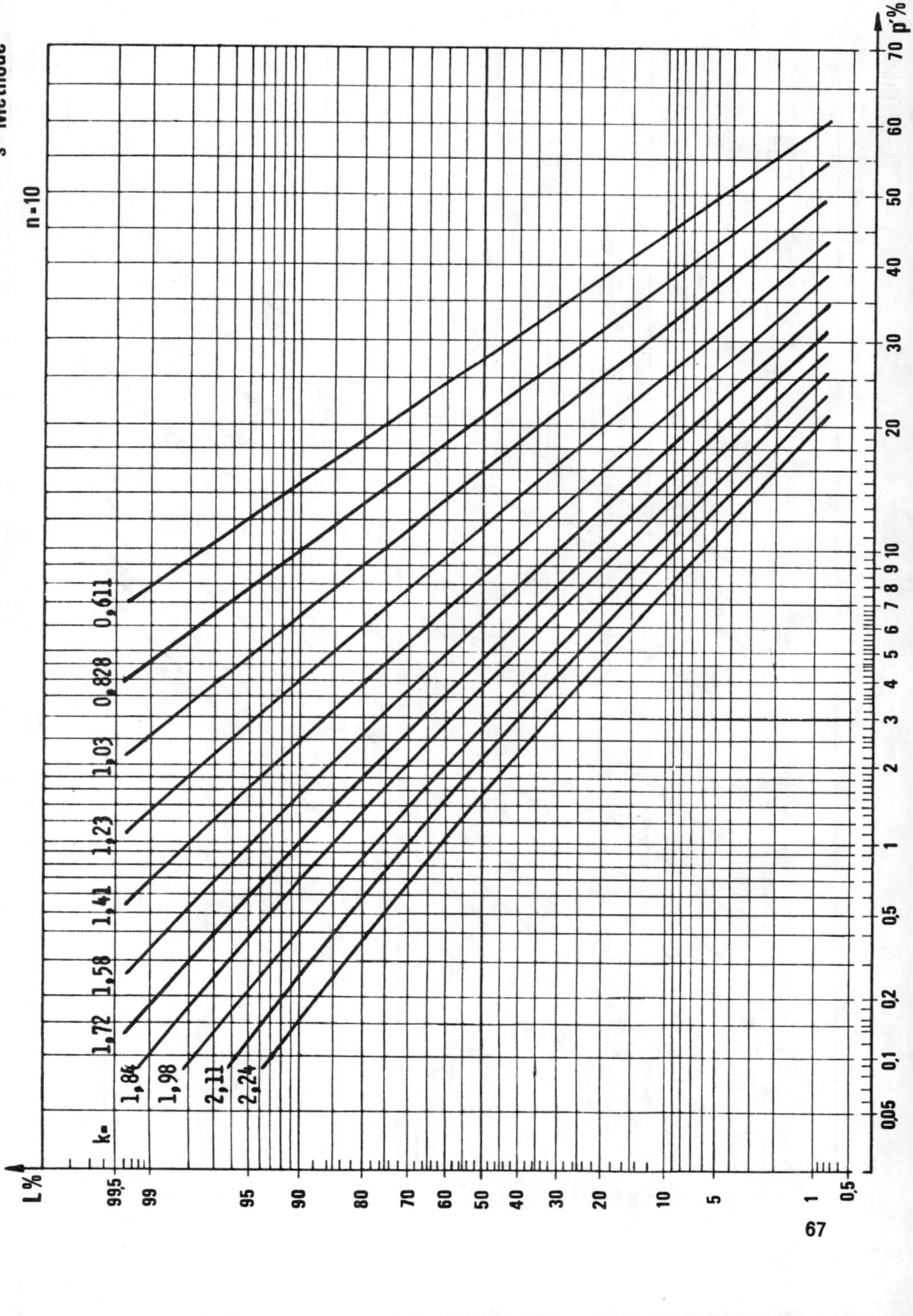
s - Methode
n=10
k=
0,611
0,828
1,03
1,23
1,41
1,58
1,72
1,84
1,98
2,11
2,24
L %
99,5
99
95
90
80
70
60
50
40
30
20
10
5
1
0,5
p %
0,05
0,1
0,2
0,5
1
2
3
4
5
6
7
8
9
10
20
30
40
50
60
70

s - Methode

n = 15

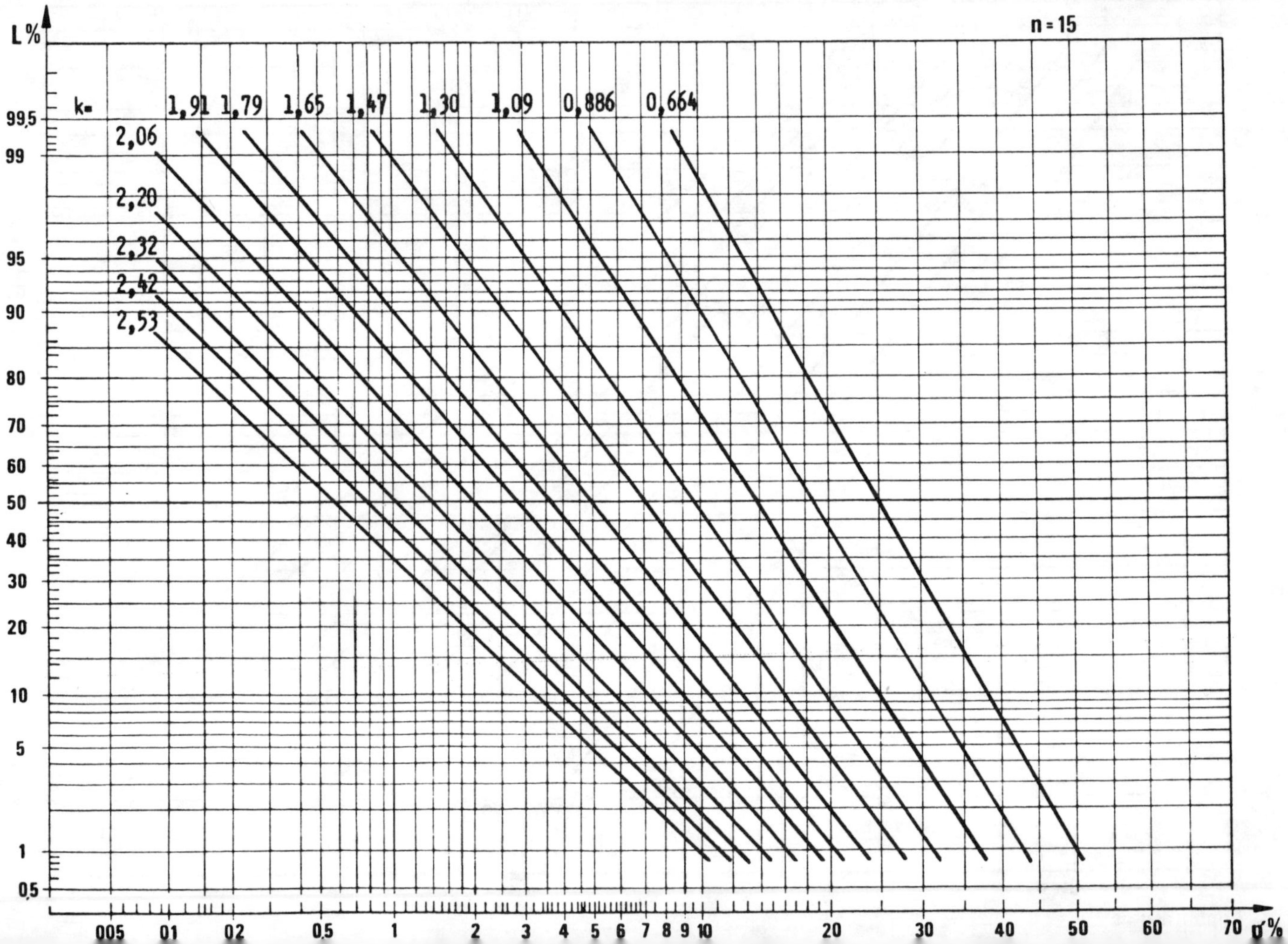

s - Methode

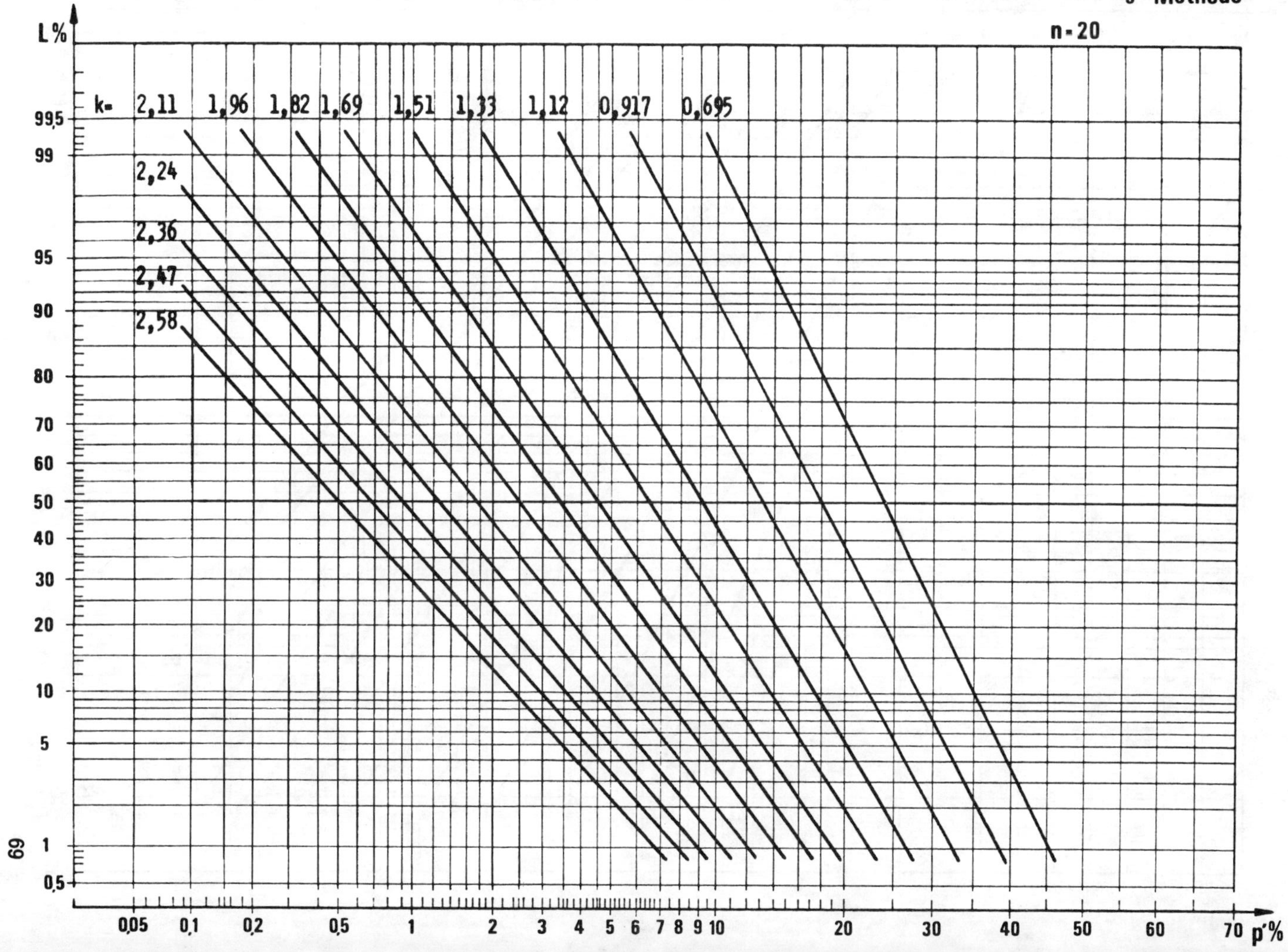
n = 20
L %
k=
2,11
1,96
1,82
1,69
1,51
1,33
1,12
0,917
0,695
2,24
2,36
2,47
2,58
99,5
99
95
90
80
70
60
50
40
30
20
10
5
1
0,5
0,05
0,1
0,2
0,5
1
2
3
4
5
6
7
8
9
10
20
30
40
50
60
70
p'%

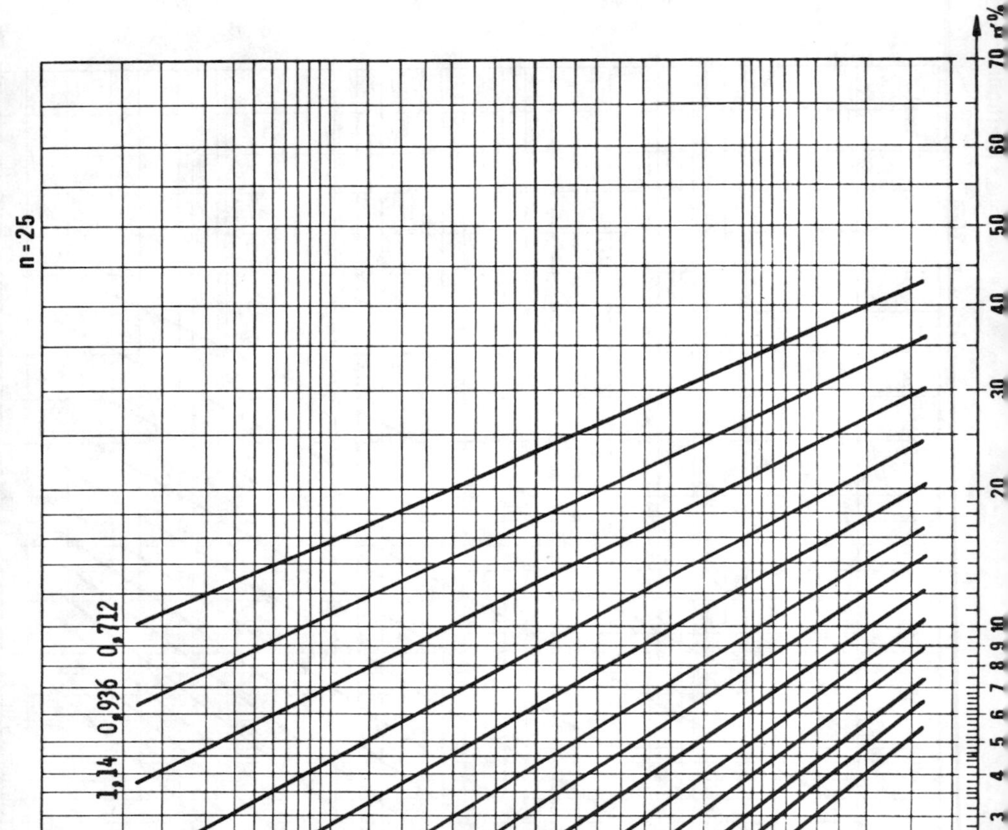
s - Methode
n = 25
k =
0,712
0,936
1,14
1,35
1,53
1,72
1,85
1,98
2,14
2,26
2,40
2,50
2,61
L %
99,5
99
95
90
80
70
60
50
40
30
20
10
5
1
0,5
005
01
02
05
1
2
3
4
5
6
7
8
9
10
20
30
40
50
60
70

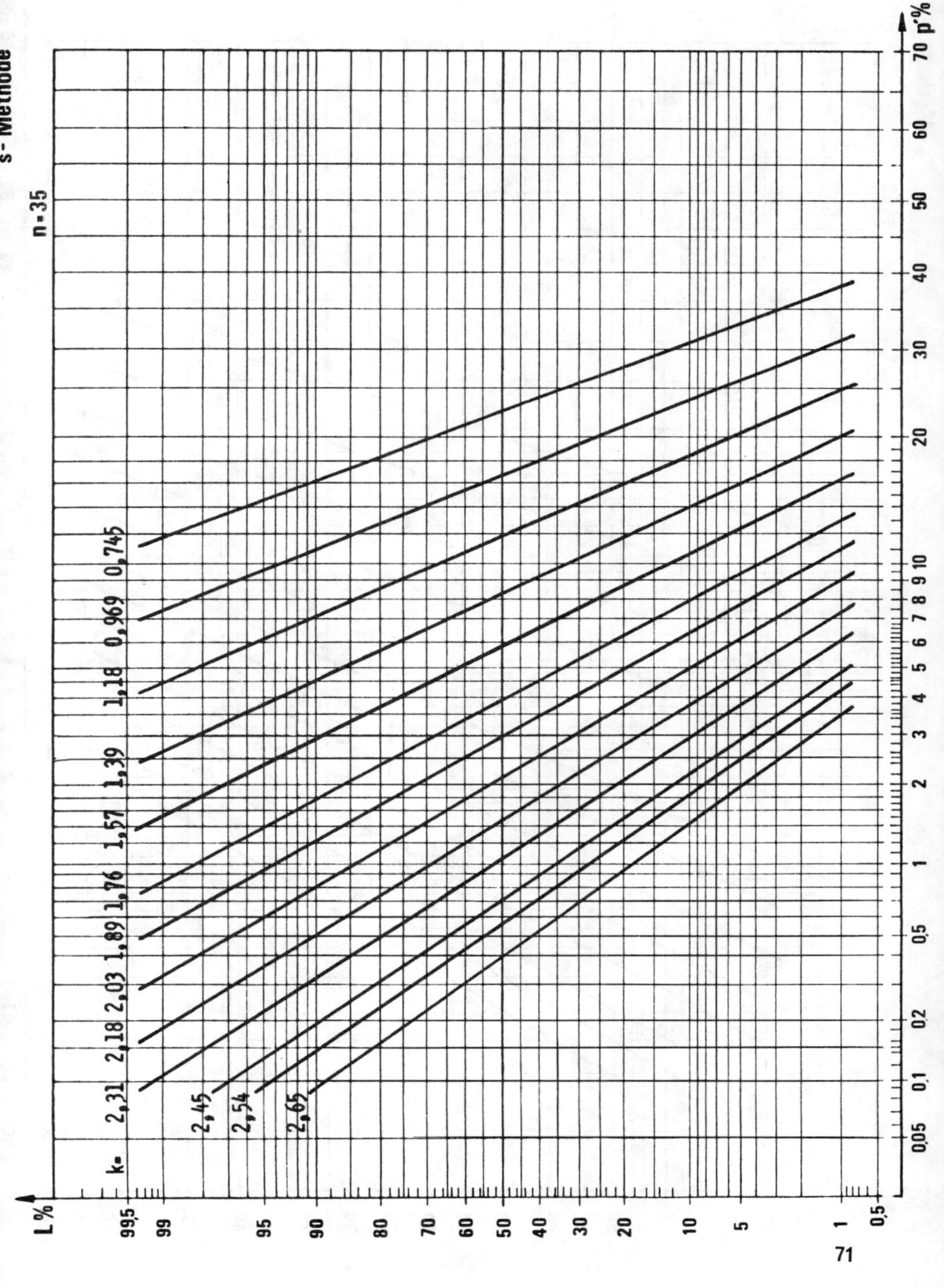

s - Methode
n = 35
k =
2,31
2,18
2,03
1,89
1,76
1,57
1,39
1,18
0,969
0,745
2,45
2,54
2,65
L %
99,5
99
95
90
80
70
60
50
40
30
20
10
5
1
0,5
p'%
0,05
0,1
0,2
0,5
1
2
3
4
5
6
7
8
9
10
20
30
40
50
60
70

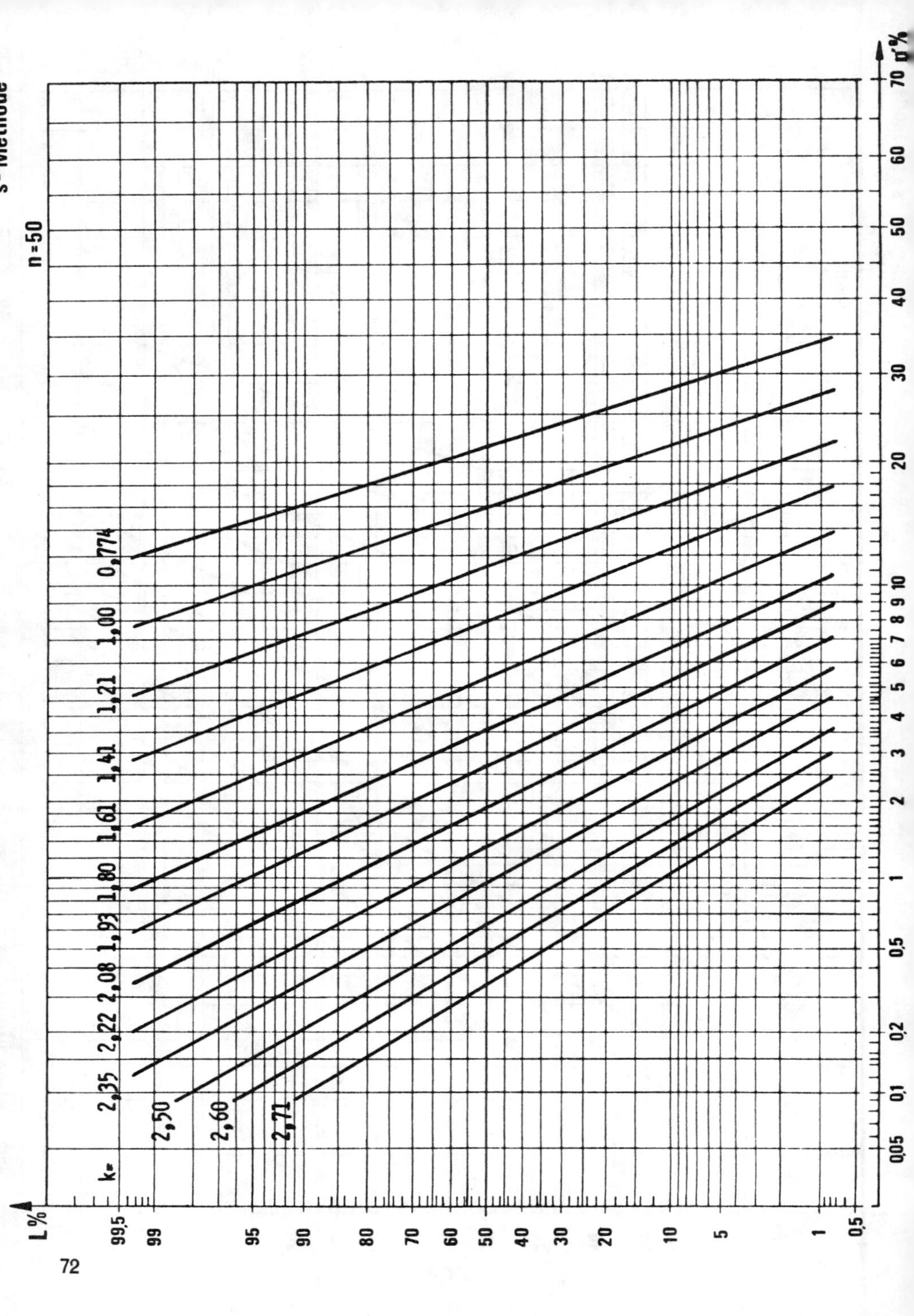
s - Methode
n=50
k=
2,35
2,22
2,08
1,93
1,80
1,61
1,41
1,21
1,00
0,774
2,50
2,60
2,71
L %
99,5
99
95
90
80
70
60
50
40
30
20
10
5
1
0,5
p'%
0,05
0,1
0,2
0,5
1
2
3
4
5
6
7
8
9
10
20
30
40
50
60
70

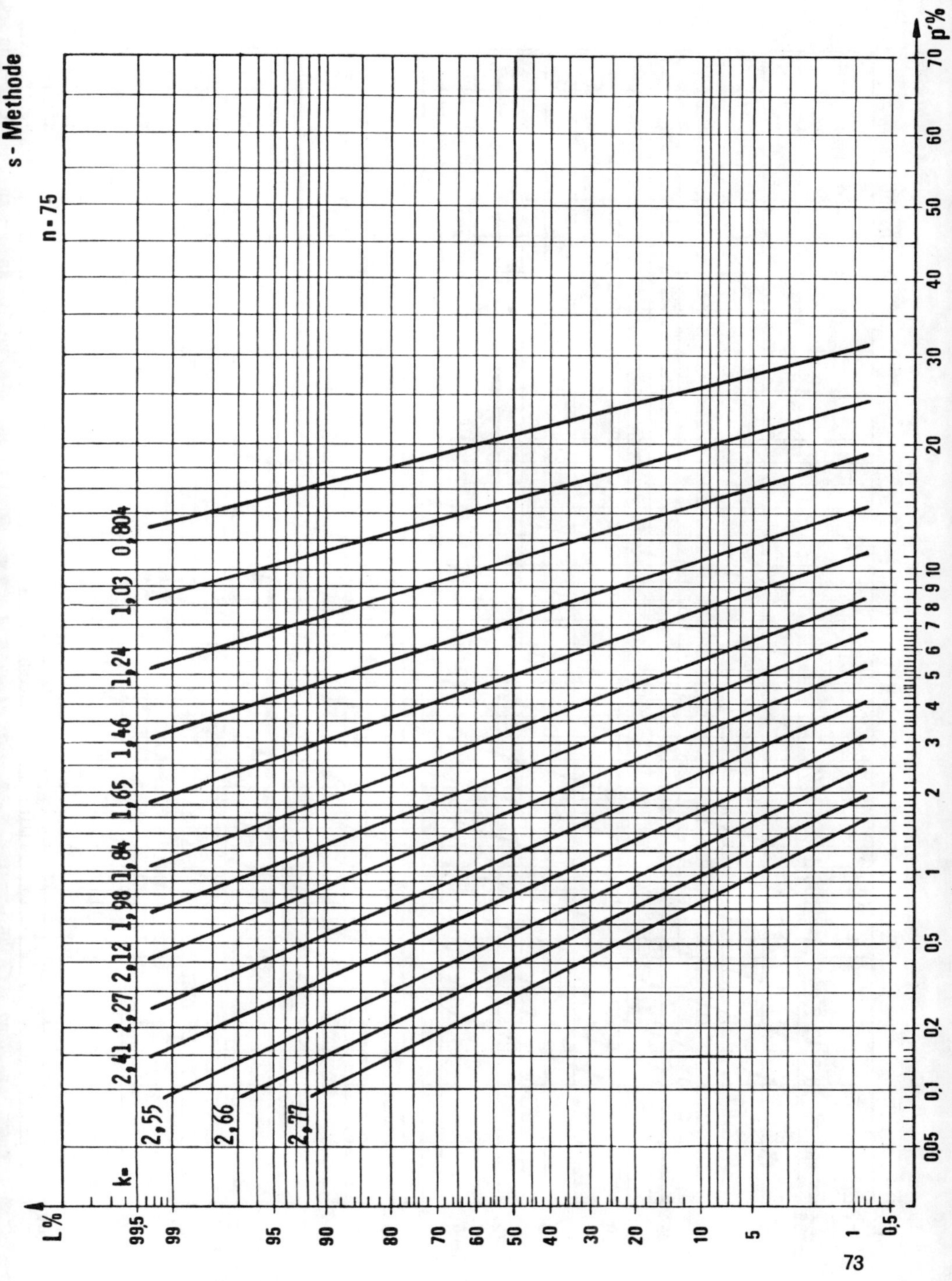
s - Methode
n = 75
p'%
70
60
50
40
30
20
10
9
8
7
6
5
4
3
2
1
0,5
0,2
0,1
0,05
k=
0,804
1,03
1,24
1,46
1,65
1,84
1,98
2,12
2,27
2,41
2,55
2,66
2,77
L %
99,5
99
95
90
80
70
60
50
40
30
20
10
5
1
0,5

s- Methode

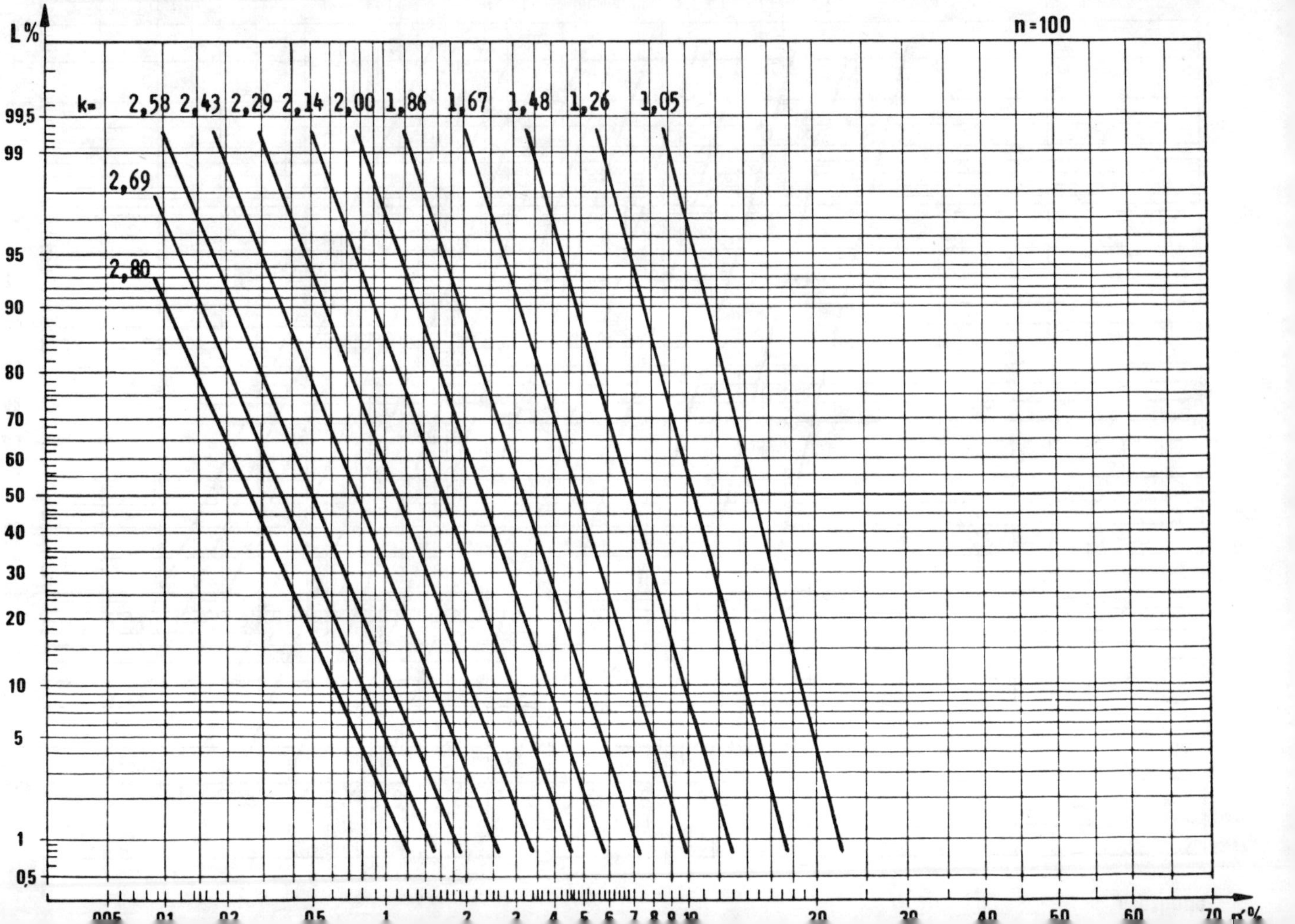
n=100
L%
k=
2,58
2,43
2,29
2,14
2,00
1,86
1,67
1,48
1,26
1,05
2,69
2,80
99,5
99
95
90
80
70
60
50
40
30
20
10
5
1
0,5
0,1
0,2
0,5
1
2
3
4
5
6
7
8
9
10
20
30
40
50
60
70

s- Methode

n-150

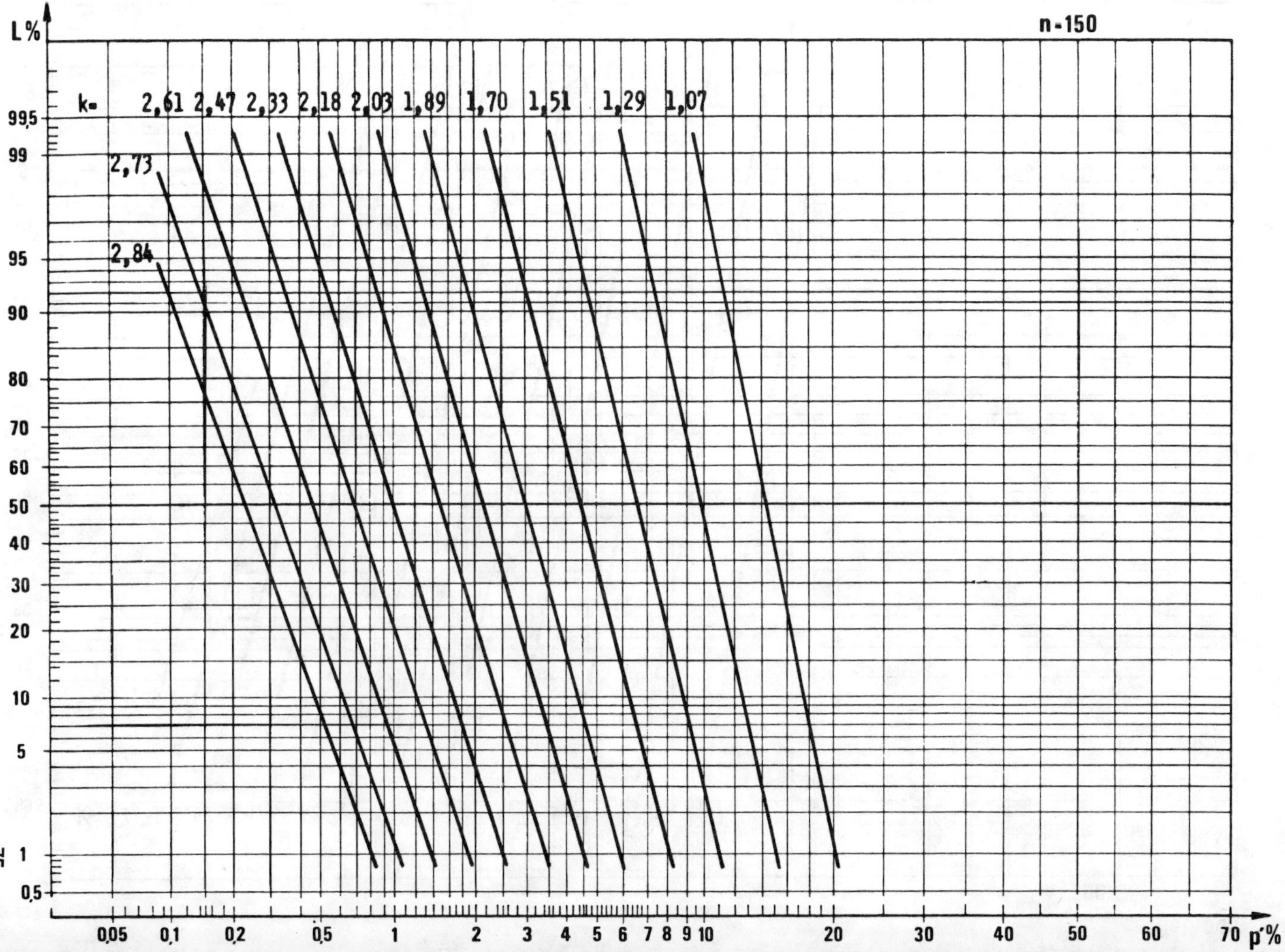

s- Methode

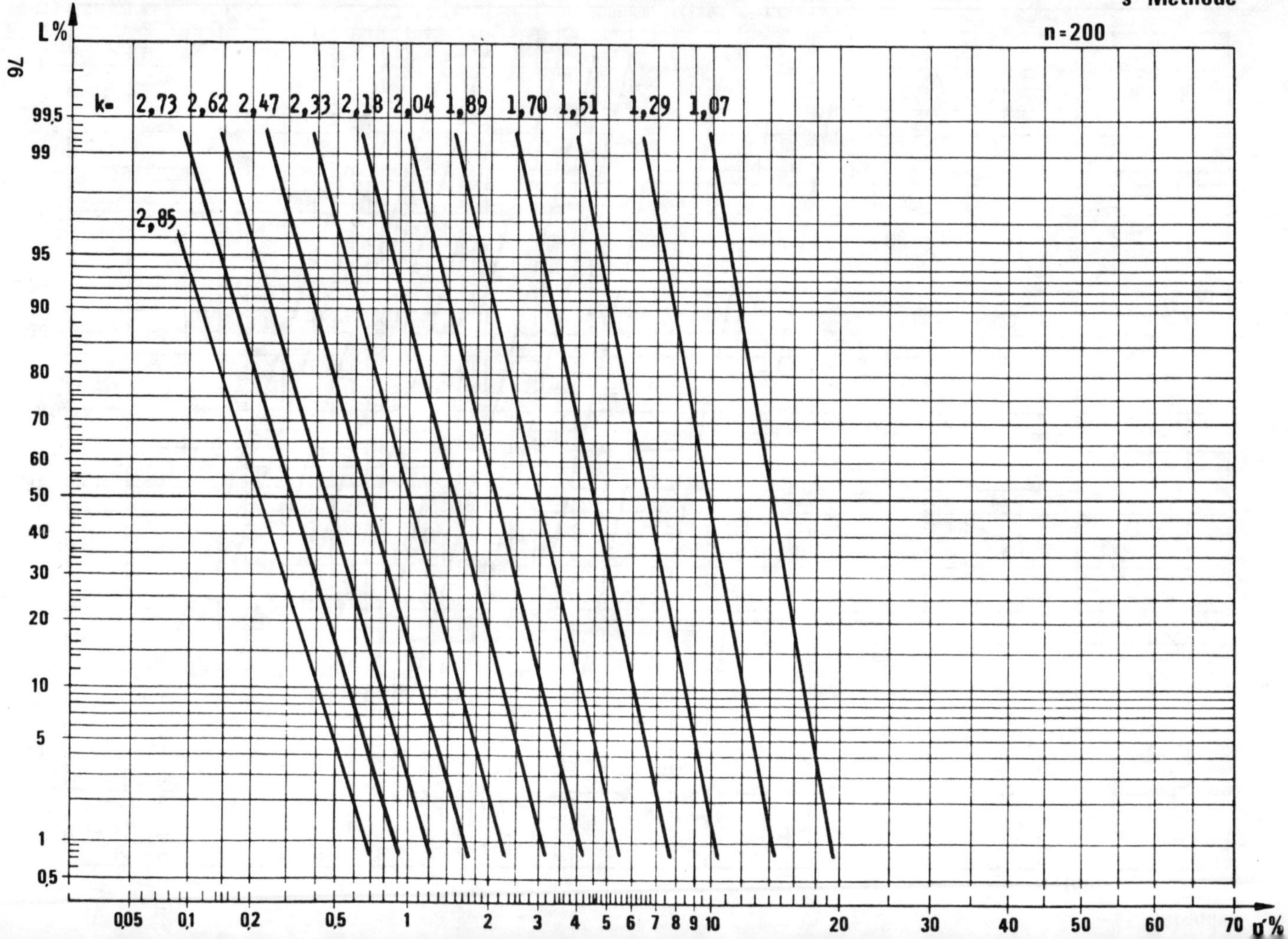
n = 200
L %
k= 2,73 2,62 2,47 2,33 2,18 2,04 1,89 1,70 1,51 1,29 1,07
2,85
99,5
99
95
90
80
70
60
50
40
30
20
10
5
1
0,5
0,05 0,1 0,2 0,5 1 2 3 4 5 6 7 8 9 10 20 30 40 50 60 70
p %

Anhang A: Theoretische Betrachtungen

A.1 Normalverteilung

Die Normalverteilung besitzt die symmetrische glockenförmige Dichtefunktion

$$f(x) = \frac{1}{\sigma\sqrt{2\pi}} e^{-\frac{1}{2}\left(\frac{x-\mu}{\sigma}\right)^2} . \tag{A 1}$$

Die Dichtefunktion der Standardnormalverteilung ist

$$f(z) = \frac{1}{\sqrt{2\pi}} e^{-\frac{1}{2}z^2} \tag{A 2}$$

mit

$$z = \frac{x-\mu}{\sigma} . \tag{A 3}$$

Der Mittelwert der Standardnormalverteilung ist $\mu = 0$ und die Standardabweichung $\sigma = 1$.

Die Verteilungsfunktion der Standardnormalverteilung lautet

$$\Phi(z) = \frac{1}{\sqrt{2\pi}} \int_{-\infty}^{z} e^{-\frac{\zeta^2}{2}} d\zeta . \tag{A 4}$$

Es ist $0 \leq \Phi(z) \leq 1$, $\Phi(\infty) = 1$, $\Phi(-z) = 1 - \Phi(z)$.

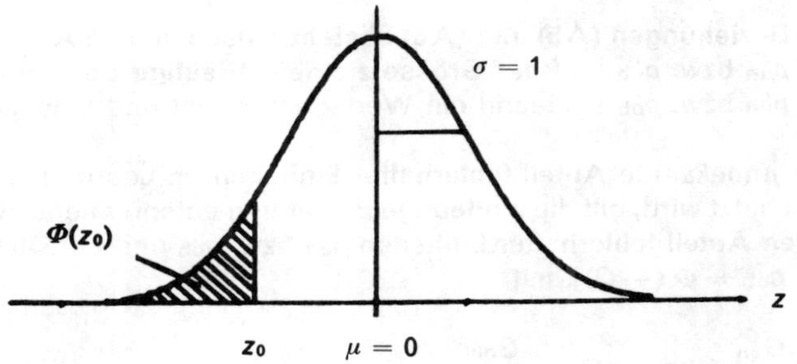

Abbildung 5: Dichtefunktion der Standardnormalverteilung (Mittelwert $\mu = 0$, Standardabweichung $\sigma = 1$)

Die Verteilungsfunktion der Standardnormalverteilung $\Phi(z)$ findet man in Tabellen der Normalverteilung.

A.2 Beziehung zwischen dem Anteil fehlerhafter Einheiten und der Grösse z bzw. der Qualitätszahl Q

Es wird angenommen, dass das betrachtete Qualitätsmerkmal im Los normalverteilt mit Mittelwert μ und Standardabweichung σ sei. In der Variablenprüfung ist das Mass der Qualität gleich dem Anteil fehlerhafter Einheiten im Los. Dieser Anteil beträgt bei einem einseitigen Grenzwert G_{un} bzw. G_{ob} nach den Beziehungen (A3) und (A4) bei Vorgabe von

$$G_{un}: \quad p'_{un} = \Phi(z) \quad \text{mit} \quad z = \frac{G_{un} - \mu}{\sigma} \tag{A5}$$

bzw.

$$G_{ob}: \quad p'_{ob} = 1 - \Phi(z) \quad \text{mit} \quad z = \frac{G_{ob} - \mu}{\sigma}. \tag{A6}$$

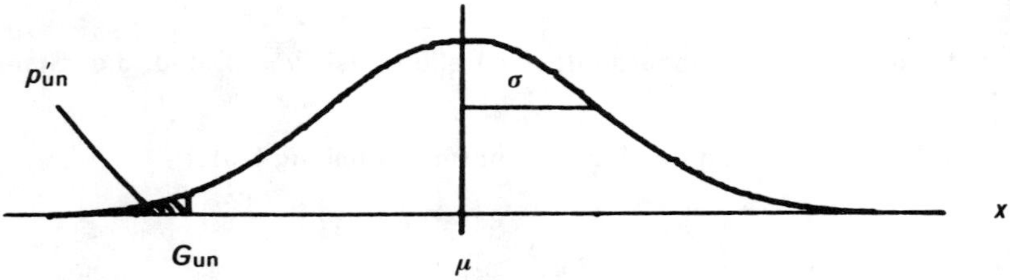

Abbildung 6: Normalverteiltes Los mit Mittelwert μ und Standardabweichung σ und dem vorgegebenen Grenzwert G_{un}

Nach den Beziehungen (A5) und (A6) besteht zwischen dem Anteil fehlerhafter Einheiten p'_{un} bzw. p'_{ob} und der Grösse z eine eindeutige Beziehung, da jedem Wert von p'_{un} bzw. p'_{ob} eindeutig ein Wert z entspricht und umgekehrt.

Wenn der unbekannte Anteil fehlerhafter Einheiten im Los mittels einer Stichprobe geschätzt wird, gilt die eindeutige Beziehung entsprechend zwischen dem geschätzten Anteil fehlerhafter Einheiten p_{un} bzw. p_{ob} und der Qualitätszahl Q_σ [p_{un} resp. $p_{ob} = \Phi\,(-Q)$], mit

$$Q_\sigma = \frac{\bar{x} - G_{un}}{\sigma} \quad \text{bzw.} \quad Q_\sigma = \frac{G_{ob} - \bar{x}}{\sigma} \tag{A7}$$

oder

$$Q_s = \frac{\bar{x} - G_{un}}{s} \quad \text{bzw.} \quad Q_s = \frac{G_{ob} - \bar{x}}{s}, \tag{A8}$$

wobei $\bar{x} = \frac{1}{n} \sum_{i=1}^{n} x_i$ empirischer Mittelwert,

σ bekannte Standardabweichung,

$s = \sqrt{\frac{1}{n-1} \sum_{i=1}^{n} (x_i - \bar{x})^2}$ empirische Standardabweichung

der Merkmalswerte $x_1, x_2, \ldots, x_n$ sind.

A.3 Angabe des Prüfkriteriums für die Qualitätszahl Q in der Form des Annahmefaktors K oder k

Wegen der im Abschnitt A. 2 beschriebenen eindeutigen Beziehung zwischen dem geschätzten Anteil fehlerhafter Einheiten p_{un} bzw. p_{ob} und der Qualitätszahl Q kann das Kriterium über Annahme oder Rückweisung des geprüften Loses auch für Q angegeben werden. Dadurch, dass man auf die Benützung der Tabelle der Normalverteilung verzichten kann, werden die Berechnungen der Prüfstatistik vereinfacht. Der Grenzwert für Q, der Annahmefaktor K (σ-Methode) oder k (s-Methode), ist das Kriterium für Annahme ($Q_\sigma \geq K$ oder $Q_s \geq k$) oder Rückweisung ($Q_\sigma < K$ oder $Q_s < k$). Es gelten die folgenden Regeln:

σ-Methode:

a) Ist $Q_\sigma \geq K$ mit $Q_\sigma = \frac{\bar{x} - G_{un}}{\sigma}$ bzw. $Q_\sigma = \frac{G_{ob} - \bar{x}}{\sigma}$: Los annehmen;

b) Ist $Q_\sigma < K$: Los rückweisen.

s-Methode:

a) Ist $Q_s \geq k$ mit $Q_s = \frac{\bar{x} - G_{un}}{s}$ bzw. $Q_s = \frac{G_{ob} - \bar{x}}{s}$: Los annehmen;

b) Ist $Q_s < k$: Los rückweisen.

A.4 Berechnung der Operationscharakteristik zu einer vorgegebenen Stichprobenanweisung

Zu den Stichprobenanweisungen (n, K) oder (n, k) gehörige Operationscharakteristiken als Funktion des Anteils fehlerhafter Einheiten im Los $p' = p'_{un}$ bzw. $p' = p'_{ob}$ berechnen sich zu

σ-Methode: $L(p') = \Phi\{-\sqrt{n}(z_{p'} + K)\}$ **(A 9)**

s-Methode: $L(p') = \Phi\left\{\frac{-k - z_{p'}}{\sqrt{\frac{1}{n} + \frac{k^2}{2n}}}\right\}$, **(A 10)**

wobei $L(p')$ Annahmewahrscheinlichkeit von p'

mit $L(p')$: Annahmewahrscheinlichkeit in Funktion von p'
$\Phi(z_{p'}) = p'$ zur Bestimmung von $z_{p'}$.

Die Berechnung von (A 10) ergibt im Bereich kleiner n eine Näherung der *OC*-Kurve. Für $n < 10$ muss man die exakte *OC*-Kurve mit der nichtzentralen t-Verteilung bestimmen.

A.5 Ableitung einer Stichprobenanweisung aus zwei vorgegebenen Punkten der Operationscharakteristik

Vorgegeben seien die zwei folgenden Punkte der Operationscharakteristik:

p'	$L(p')$
p'_1	$1-\alpha$
p'_2	β

Die Berechnungsformeln für n und K oder n und k lauten;

für die σ-Methode:

$$n = \left\{ \frac{z_{1-\alpha} - z_\beta}{z_{p'_2} - z_{p'_1}} \right\}^2, \tag{A 11}$$

$$K = -z_{p'_1} - \frac{z_{1-\alpha}}{\sqrt{n}}, \tag{A 12}$$

$$K = -z_{p'_2} - \frac{z_\beta}{\sqrt{n}}. \tag{A 13}$$

für die s-Methode:

$$k = \frac{-z_{1-\alpha}\, z_{p'_2} + z_\beta\, z_{p'_1}}{z_{1-\alpha} - z_\beta}, \tag{A 14}$$

$$n = \left\{ 1 + \frac{k^2}{2} \right\} \left\{ \frac{z_{1-\alpha} - z_\beta}{z_{p'_2} - z_{p'_1}} \right\}^2 \tag{A 15}$$

wobei die z-Werte so bestimmt werden, dass

$\Phi(z_{1-\alpha}) = 1 - \alpha$,

$\Phi(z_\beta) = \beta$,

$\Phi(z_{p'_1}) = p'_1$,

$\Phi(z_{p'_2}) = p'_2$.

Mit den Beziehungen (A 12) und (A 13) ergibt sich für die Operationscharakteristik nach (A 9)

$$L(p') = \Phi\{\sqrt{n}(-z_{p'} + z_{p'_1}) + z_{1-\alpha}\}, \tag{A 16}$$

$$L(p') = \Phi\{\sqrt{n}(-z_{p'} + z_{p'_2}) + z_\beta\}. \tag{A 17}$$

Anhang B: Beurteilung der Normalität eines Produktionsprozesses mittels des Wahrscheinlichkeitsnetzes

Das Wahrscheinlichkeitsnetz ist das einfachste und gebräuchlichste Hilfsmittel zur Beurteilung der Normalität eines Produktionsprozesses anhand von Stichproben.

Von den Merkmalswerten einer Stichprobe erstellt man eine Strichliste (Einteilung der Werte in gleich breite Klassen über dem Wertebereich) und trägt die relative Häufigkeitssumme in Abhängigkeit der Merkmalswerte ins Wahrscheinlichkeitsnetz ein; die Ausführung des Verfahrens ist am angegebenen Beispiel (vergleiche Abbildung 7) ersichtlich. Man stellt dann anschaulich fest, wie gut sich das Häufigkeitssummenpolygon an eine Gerade anpassen lässt.

Die Darstellung des Häufigkeitssummenpolygons im Wahrscheinlichkeitsnetz ist kein statistischer Test, der eine Prüfung zur Frage der Normalität oder Nichtnormalität liefert. Es ist eine graphische Methode, die dem Anwender den Entscheid überlässt. Auf Normalität weisen folgende Eigenschaften des Häufigkeitssummenpolygons hin:

- die Grundtendenz des Polygonverlaufs ist gerade;
- die Abweichungen des Polygons von einer ideellen Geraden sind zufällig und nicht systematisch.

Die zufälligen Abweichungen können auch bei einer Stichprobe aus einer normalverteilten Gesamtheit recht gross sein.

Auf Nichtnormalität weisen folgende Eigenschaften des Summenhäufigkeitspolygons hin:

- monoton links- oder rechtsgekrümmte Polygonverläufe (→ schiefe Verteilungen);
- systematische entweder positive oder negative Abweichungen des Polygons von der Geraden in der unteren oder oberen Hälfte des Merkmalswertebereichs (→ Mischverteilungen).

Die Gesamtheit, aus der die Stichprobe des aufgezeigten Beispiels (Bruchfestigkeitswerte) stammt, kann man als normalverteilt betrachten.

Zur Verwendung des Wahrscheinlichkeitsnetzes ist über eine genügend grosse Stichprobe ($n > 50$) zu verfügen, die als Zufallsstichprobe dem Produktionsprozess entnommen worden ist. Es empfiehlt sich, die Normalität eines Produktionsprozesses periodisch zu überwachen.

Bei rechtsschiefen Häufigkeitsverteilungen kann in vielen Fällen durch die logarithmische Transformation eine normalverteilte Gesamtheit erreicht werden. Die Benützung des Wahrscheinlichkeitsnetzes zur Beurteilung der Normalität ist zum Beispiel in den Publikationen DGQ 16-07 und DGQ 16-14 beschrieben.

Für statistische Tests zur Beurteilung der Normalität einer Gesamtheit verweisen wir auf die einschlägige statistische Literatur.

Strichliste der Bruchfestigkeitswerte einer Stichprobe von 144 Auflagerplatten aus UNIDOR:

Klassengrenzen untere	Klassengrenzen obere	Strichliste	Klassenmitte	absolute Häufigkeit	Häufigkeitssumme	relative Häufigkeitssumme
362,5	367,5		365	1	1	0,007
367,5	372,5		370	2	3	0,021
372,5	377,5		375	3	6	0,042
377,5	382,5		380	6	12	0,083
382,5	387,5		385	11	23	0,160
387,5	392,5		390	16	39	0,271
392,5	397,5		395	15	54	0,375
397,5	402,5		400	15	69	0,479
402,5	407,5		405	20	89	0,618
407,5	412,5		410	19	108	0,750
412,5	417,5		415	16	124	0,861
417,5	422,5		420	9	133	0,924
422,5	427,4		425	5	138	0,958
427,5	432,5		430	5	143	0,993
432,5	437,5		435	1	144	1,000
				144	144	

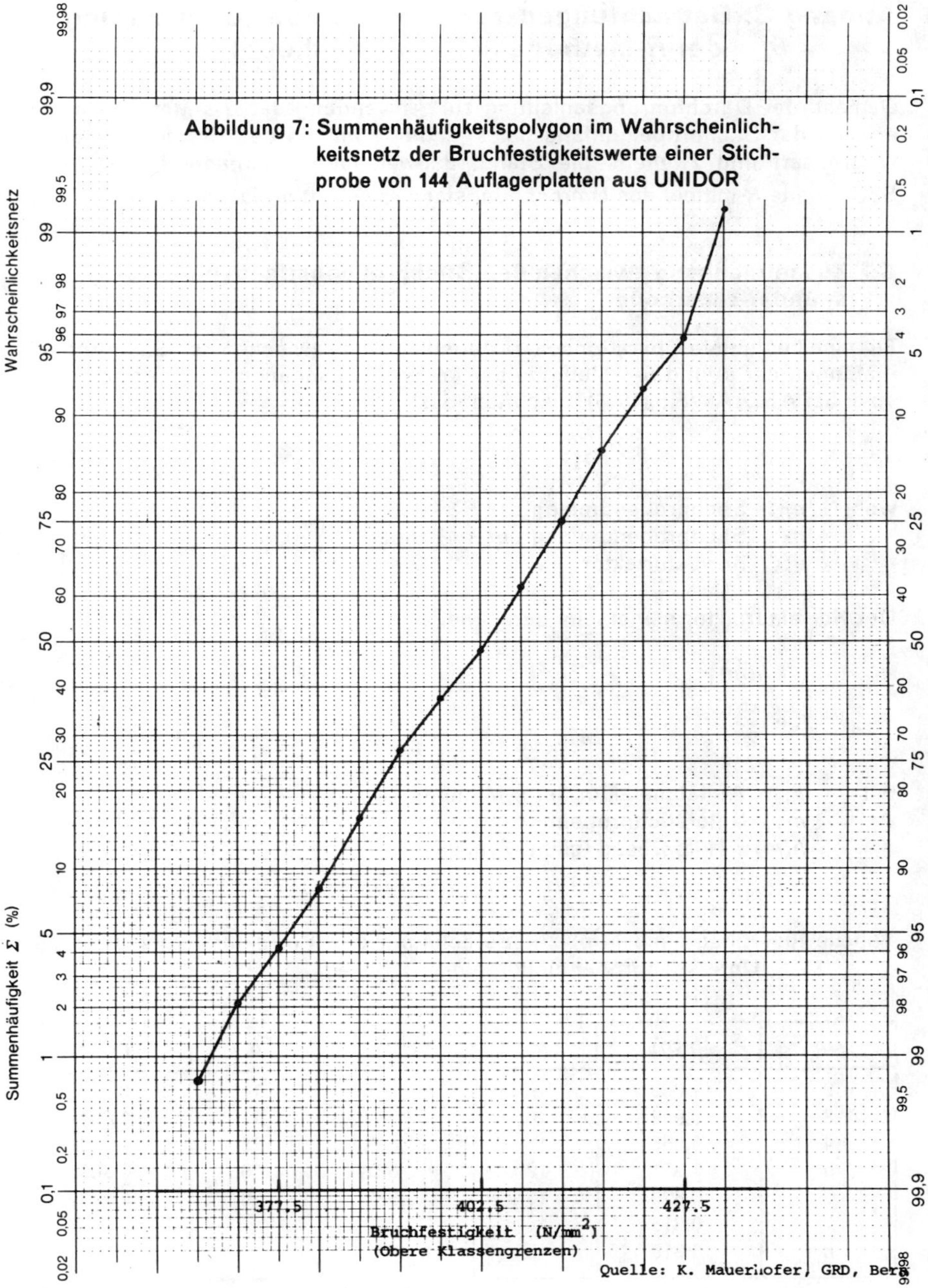

Abbildung 7: Summenhäufigkeitspolygon im Wahrscheinlichkeitsnetz der Bruchfestigkeitswerte einer Stichprobe von 144 Auflagerplatten aus UNIDOR

Anhang C: Betrachtungen zur *R*-*s*-Methode (Überführung der *R*-Methode auf die *s*-Methode)

Gemäss der Durchführungsanleitung zur Anwendung der *R*-*s*-Methode muss erstens der Stichprobenumfang der *s*-Methode mittels des Korrekturfaktors *a* vergrössert und zweitens die Standardabweichung *s* anhand der mittleren Spannweite $\bar{R}$ mittels des Umrechnungsfaktors *d*(*l*, *m*) ermittelt werden.

C.1 Zusammenhang zwischen den Stichprobenumfängen der *s*- und *R*-*s*-Methode

Für eine bestimmte Operationscharakteristik besteht zwischen den Stichprobenumfängen der *s*- und *R*-*s*-Methode der folgende Zusammenhang, der zum Beispiel bei ASQ/AWF 5 (1968) beschrieben ist:

$$n_R = a \cdot n_s\,, \qquad \text{(C1)}$$

wobei n_R: Stichprobenumfang der *R*-*s*-Methode
n_s: Stichprobenumfang der *s*-Methode
a: Korrekturfaktor

Der Korrekturfaktor seinerseits berechnet sich zu

$$a = \frac{\{1 + k\,h(m)\}^2}{1 + \dfrac{k^2}{2}} \qquad \text{(C2)}$$

mit k: Annahmefaktor der s-Methode
m: Unterstichprobenumfang
$h(m)$: Hilfsgrösse (siehe Tabelle 10)

Tabelle 10: Hilfsgrösse *h*(*m*) zur Berechnung des Korrekturfaktors *a* für die Unterstichprobenumfänge *m* = 2 bis 20

m	*h*(*m*)	*m*	*h*(*m*)	*m*	*h*(*m*)
2	1,069	9	0,816	16	0,848
3	0,909	10	0,819	17	0,854
4	0,855	11	0,823	18	0,860
5	0,831	12	0,827	19	0,866
6	0,820	13	0,832	20	0,873
7	0,815	14	0,837		
8	0,815	15	0,842		

Für den Unterstichprobenumfang $m = 5$ sind in der Tabelle 11 die Werte des Korrekturfaktors *a* für $k = 0{,}5$ bis 4,0 in Schritten von 0,1 festgehalten.

Tabelle 11: Werte des Korrekturfaktors *a* für den Unterstichprobenumfang $m = 5$ und den Annahmefaktor $k = 0{,}5$ bis 4,0 (0,1) ($n_R = a\, n_S$)

k	*a*	*k*	*a*	*k*	*a*
0,5	1,042	1,7	1,225	2,9	1,308
0,6	1,058	1,8	1,236	3,0	1,312
0,7	1,075	1,9	1,245	3,1	1,315
0,8	1,092	2,0	1,254	3,2	1,319
0,9	1,110	2,1	1,262	3,3	1,322
1,0	1,127	2,2	1,270	3,4	1,325
1,1	1,144	2,3	1,277	3,5	1,328
1,2	1,160	2,4	1,283	3,6	1,330
1,3	1,175	2,5	1,289	3,7	1,333
1,4	1,189	2,6	1,294	3,8	1,335
1,5	1,202	2,7	1,299	3,9	1,337
1,6	1,214	2,8	1,304	4,0	1,339

C.2 Zusammenhang zwischen der Standardabweichung und der mittleren Spannweite von Unterstichproben eines normalverteilten Loses

Zwischen der Standardabweichung und der mittleren Spannweite von Unterstichproben eines normalverteilten Loses existiert eine statistische Beziehung. Die Beziehung ist vom Stichprobenumfang und von der Anzahl gezogener Unterstichproben abhängig.

Falls σ unbekannt ist, berechnet sich die geschätzte Standardabweichung des Loses zu

$$s = \frac{\bar{R}}{d(l, m)}$$

und bei vielen Stichproben zu

$$s = \frac{\bar{R}}{d(m)},$$

wobei m: Umfang Unterstichprobe
l: Anzahl Unterstichproben
σ: Standardabweichung des Loses
$\bar{R}$: Mittlere Spannweite der Unterstichproben.

In der Tabelle 12, die Duncan (1974, S. 950) entnommen worden ist, sind die Werte $d(l, m)$ für $l = 1$ bis 15 und $m = 2$ bis 15 und $d(m)$ für $m = 2$ bis 15 zu finden.

Im MIL-STD 414 ist in den Stichprobentabellen der R-Methode $d(l, m)$ nur für Fünfer-Unterstichproben angegeben, das heisst die Werte für $d(l, 5)$, die dort mit c bezeichnet sind.

Tabelle 12: Werte $d(l, m)$ und $d(m)$ zur Berechnung der Standardabweichung aus der mittleren Spannweite von Unterstichproben eines normalverteilten Loses

Anzahl Unterstichproben	Umfang Unterstichproben m													
l	2	3	4	5	6	7	8	9	10	11	12	13	14	15
1	1,41	1,91	2,24	2,48	2,67	2,83	2,96	3,08	3,18	3,27	3,35	3,42	3,49	3,55
2	1,28	1,81	2,15	2,40	2,60	2,77	2,91	3,02	3,13	3,22	3,30	3,38	3,45	3,51
3	1,23	1,77	2,12	2,38	2,58	2,75	2,89	3,01	3,11	3,21	3,29	3,37	3,43	3,50
4	1,21	1,75	2,11	2,37	2,57	2,74	2,88	3,00	3,10	3,20	3,28	3,36	3,43	3,49
5	1,19	1,74	2,10	2,36	2,56	2,73	2,87	2,99	3,10	3,19	3,28	3,35	3,42	3,49
6	1,18	1,73	2,09	2,35	2,56	2,73	2,87	2,99	3,10	3,19	3,27	3,35	3,42	3,49
7	1,17	1,73	2,09	2,35	2,55	2,72	2,87	2,99	3,10	3,19	3,27	3,35	3,42	3,48
8	1,17	1,72	2,08	2,35	2,55	2,72	2,87	2,98	3,09	3,19	3,27	3,35	3,42	3,48
9	1,16	1,72	2,08	2,34	2,55	2,72	2,86	2,98	3,09	3,18	3,27	3,35	3,42	3,48
10	1,16	1,72	2,08	2,34	2,55	2,72	2,86	2,98	3,09	3,18	3,27	3,34	3,42	3,48
11	1,16	1,71	2,08	2,34	2,55	2,72	2,86	2,98	3,09	3,18	3,27	3,34	3,41	3,48
12	1,15	1,71	2,07	2,34	2,55	2,72	2,85	2,98	3,09	3,18	3,27	3,34	3,41	3,48
13	1,15	1,71	2,07	2,34	2,55	2,71	2,85	2,98	3,09	3,18	3,27	3,34	3,41	3,48
14	1,15	1,71	2,07	2,34	2,54	2,71	2,85	2,98	3,08	3,18	3,27	3,34	3,41	3,48
15	1,15	1,71	2,07	2,34	2,54	2,71	2,85	2,98	3,08	3,18	3,26	3,34	3,41	3,48
gross $d(m)$	1,13	1,69	2,06	2,33	2,53	2,70	2,85	2,97	3,08	3,17	3,26	3,34	3,41	3,47

Anhang D: Die wichtigsten Abkürzungen und Kurzzeichen

AQL = Acceptable Quality Level = Annehmbare Qualitätsgrenzlage (als übergeordnetes Merkmal zur Kennzeichnung der Stichprobenpläne dieser Schrift benutzt)

LQ = Limiting Quality = rückzuweisende Qualitätsgrenzlage, auch *RQL* (Rejectable Quality Level) genannt

IQL = Indifference Quality Level (point of Control) = Indifferente Qualitätslage, auch 50%-Punkt genannt

AOQ = Average Outgoing Quality = Durchschlupf = *D*

AOQL = Average Outgoing Quality Limit = grösster Durchschlupf = D_{max} = maximaler Durchschlupf

D = Durchschlupf = *AOQ*

D_{max} = grösster Durchschlupf = *AOQL*

OC = Operating Characteristic = Operationscharakteristik

L = Annahmewahrscheinlichkeit

1-*L* = Rückweisewahrscheinlichkeit

α = Lieferantenrisiko

β = Abnehmerrisiko

G_{un} = unterer Grenzwert

G_{ob} = oberer Grenzwert

T = $G_{ob}-G_{un}$ = Toleranz

K = Annahmefaktor der σ-Methode

k = Annahmefaktor der *s*-Methode

N = Losumfang

μ = Mittelwert der als normalverteilt vorausgesetzten Grundgesamtheit

σ = Standardabweichung der als normalverteilt vorausgesetzten Grundgesamtheit

$N(\mu, \sigma^2)$ = Normalverteilung mit Mittelwert μ und Standardabweichung σ

$N(0, 1)$ = Standardnormalverteilung mit Mittelwert 0 und Standardabweichung 1

$\Phi(z_p)$ = p = Verteilfunktion an der Stelle z_p der Standardnormalverteilung

p'_{un} = Anteil fehlerhafter Einheiten mit Merkmalswert unterhalb G_{un} im Prüflos

p'_{ob} = Anteil fehlerhafter Einheiten mit Merkmalswert oberhalb G_{ob} im Prüflos

p' = $p'_{un} + p'_{ob}$ = Anteil fehlerhafter Einheiten im Prüflos

n = Stichprobenumfang

x = mögliche Werte des Qualitätsmerkmals

z = mögliche standardisierte Werte des Qualitätsmerkmals

x_i = i-ter Merkmalswert (quantitativ), i-ter Stichprobenwert ($i = 1, 2, \ldots, n$)

$\bar{x}$ = aus der Stichprobe berechneter Schätzwert des *Mittelwertes* der Grundgesamtheit

s = aus der Stichprobe berechneter Schätzwert der *Standardabweichung* der Grundgesamtheit

R = Spannweite (Range)

m = Umfang Unterstichproben

l = Anzahl Unterstichproben

$\bar{R}$ = mittlere Spannweite von l Unterstichproben

a = Korrekturfaktor für Stichprobenumfang bei R-s-Methode

$d(l, m)$ = Wert zur Berechnung der Standardabweichung aus mittlerer Spannweite von l Unterstichproben vom Umfang m

$d(m)$ = Wert zur Berechnung der Standardabweichung aus mittlerer Spannweite vieler Unterstichproben vom Umfang m

Q_σ = Qualitätszahl der σ-Methode

Q_s = Qualitätszahl der s-Methode

Q_{Rs} = Qualitätszahl der R-s-Methode

p_{un} = geschätzter Anteil fehlerhafter Einheiten mit Merkmalswert unterhalb G_{un} im Prüflos

p_{ob} = geschätzter Anteil fehlerhafter Einheiten mit Merkmalswert oberhalb G_{ob} im Prüflos

p = $p_{un} + p_{ob}$ = geschätzter Anteil fehlerhafter Einheiten im Prüflos

$\sum$ = Summe von

$>$ = grösser als

$\geq$ = grösser als oder gleich wie

$<$ = kleiner als

$\leq$ = kleiner als oder gleich wie

Schrifttum

a) Bücher

DGQ-SAQ-ÖVQ 16-26
Methoden zur Ermittlung geeigneter *AQL*-Werte
Beuth Verlag GmbH, Berlin

DGQ 16-07
Auswerten von Meßreihen
Beuth Verlag GmbH, Berlin

DGQ 16-14
Statistische Auswertung von Meß- und Prüfergebnissen
Beuth Verlag GmbH, Berlin

Duncan, A. J. (1974)
Quality Control and Industrial Statistics
R. D. Irwin, Illinois

Schindowski, E. und Schürz, O. (1966)
Statistische Qualitätskontrolle
VEB Verlag Technik Berlin

Uhlmann, W. (1966)
Statistische Qualitätskontrolle
Teubner Verlagsgesellschaft Stuttgart

Wetherill, G. B. (1969)
Sampling Inspection and Quality Control
Methuen, London

Resnikoff, G. J. and Liebermann, G. J. (1959)
Tables of the noncentral *t*-distribution
Stanford University Press

b) Artikel und Referate

Bender, A. (1975)
Sampling by Variables to Control the Fraction Defective, Part II
Journ. Qual. Techn. **7**, S. 139–143

Duncan, A. J. (1975)
Sampling by Variables to Control the Fraction Defective, Part I
Journ. Qual. Techn. **7**, S. 191–210

Kao, J. H. K. (1971)
MIL-STD 414 Sampling Procedures and Tables for Inspection by Variables for Percent Defective
Journ. Qual. Techn. **3**, S. 28–37

Liebermann, G. J. and Resnikoff, G. J. (1955)
Sampling Plans for Inspection by Variables
Journal Amer. Statist. Assoc. **50**, S. 457–516

Staib, E. (1972)
Grafische Methoden bei der Variablenprüfung
Referat anläßlich der 16. intern. EOQC-Konferenz, Oslo, Norwegen

Wetherill, G. B. and Chiu, W. K. (1975)
A Review of Acceptance Sampling Schemas with Emphasis on the Economic Aspect
Int. Stat. Rev. **43**, S. 191–210

Wilrich, P. Th. (1970)
Nomogramme zur Ermittlung von Stichprobenplänen für die messende Prüfung
Teil I: Pläne bei bekannter Varianz der Fertigung
Qualität und Zuverlässigkeit **15** (3), S. 61–65
Teil II: Pläne bei unbekannter Varianz der Fertigung
Qualität und Zuverlässigkeit **15** (8), S. 181–187

c) Stichprobentabellen

Variablenprüfung:

DGQ 5 (Stange, K.) (1968)
Stichprobenpläne für messende Prüfung; Aufstellung und Handhabung mit Hilfe des doppelten Wahrscheinlichkeitsnetzes

DEF. STAND 05–30/1 (1974)
Sampling Procedures and Charts for Inspection by Variables
United Kingdom

IEC Publication 514 (1975)
Acceptance inspection of Class 2 alternating-current watthourmeters
Central Office of the IEC, Genf

ISO 3951 (1981)
Sampling procedures and charts for inspection by variables for percent defective
International Organization for Standardization, Genf

MIL-STD-414 (1957)
Sampling Procedures and Tables for Inspection by Variables for Percent Defective
Department of Defense, Washington

Attributprüfung:

DGQ-SAQ-ÖVQ 16-01
Stichprobenprüfung anhand qualitativer Merkmale
Beuth Verlag GmbH, Berlin

DIN 40 080
Verfahren und Tabellen für Attribut-Stichprobenprüfung
Beuth Verlag GmbH, Berlin

ISO 2859 (1974)
Sampling Procedures and Tables for Inspection by Attributes
International Organization for Standardization, Genf

MIL-STD-105 D (ABC-STD-105) (1963)
Sampling Procedures and Tables for Inspection by Attributes
Washington D.C., 20402

IEC Publication 410 (1973)
Sampling plans and procedures for inspection by attributes
Central Office of the IEC, Genf

Herstellung:
W. Rösch AG, Bern, Schweiz
und Druckhaus Darmstadt GmbH